Universal Design 적용을 고려한

장애물 없는 생활환경(BF) 인증지표 상세 해설(공원)

Detail Commentary Of Barrier Free Certification's Index

홍현근 · 주용규 공저

시공문화사

CONTENTS

PART 1. 개요 •7

1. 서언 •8

2. 배경 및 목적 •9

3. Barrier Free 인증개요 •10

4. Barrier Free 공원 인증평가 항목 •15

5. Summary •21

PART 2. 장애물 없는 생활환경 인증기준(공원) •27

1. 매개시설 •29

1.1 접근로 •30

1.1.1 주출입구까지의 접근로 •30

1.1.2 유효폭 •32

1.1.3 단차 •35

1.1.4 기울기 •37

1.1.5 바닥 마감 •40

1.1.6 보행장애물 •42

1.1.7 덮개 •48

1.2 장애인 전용 주차구역 •50

1.2.1 주차장에서 출입구까지의 경로 •50

1.2.2 주차면수 확보 •55

1.2.3 주차면 •56

1.2.4 보행 안전통로 •58

1.2.5 안내 및 유도표시 •60

1.3 출입구 •63

1.3.1 진출입 통제 계획 •63

1.3.2 공원 입구와 보도와의 경계 •65

CONTENTS

2. 유도 및 안내시설 •69

2.1 안내설비 •70

2.1.1 안내판 설치 •70

2.1.2 안내판의 정보 •73

2.1.3 통합안내설비 •75

2.1.4 경고시설 •80

3. 위생시설 •83

3.1 장애인 등이 이용 가능한 화장실 •84

3.1.1 장애유형별 대응 방법 •84

3.1.2 안내 표지판 •87

3.2 화장실 접근 •90

3.2.1 유효폭 및 단차 •90

3.2.2 바닥 마감 •93

3.2.3 출입구(문) •95

3.3 대변기 •97

3.3.1 칸막이 출입문 •97

3.3.2 활동공간 •103

3.3.3 형태 •105

3.3.4 손잡이 •107

3.3.5 기타설비 •110

3.4 소변기 •113

3.4.1 형태 및 손잡이 •113

CONTENTS

3.5 세면대 • 115

3.5.1 형태 • 115

3.5.2 거울 • 118

3.5.3 수도꼭지 • 120

4. 편의시설 • 123

4.1 접근 및 이용성 • 124

4.1.1 시설까지의 접근로 • 124

4.1.2 공원시설의 주출입구 • 128

4.2 공원시설 • 130

4.2.1 장애인을 배려한 공원(놀이공간) • 130

4.3 기타 설비 • 133

4.3.1 휴식공간 • 133

4.3.2 매표소, 판매기, 음료대 • 136

5. BF보행의 연속성 • 141

5.1 공원 내부 보행로 • 142

5.1.1 BF보행로의 지정 • 142

5.1.2 보행 안전 공간 • 144

5.1.3 단차 • 146

5.1.4 기울기 • 148

5.1.5 바닥 마감 • 150

5.1.6 자전거 도로와의 접점 • 152

5.1.7 보행 유도의 연속성 • 154

PART 3. 부 록 • 157

1. 용어의 정의 • 158

2. 관련법령 • 163

PART 1.

개요

01 서언 • *8*

02 배경 및 목적 • *9*

03 Barrier Free 인증개요 • *10*

04 Barrier Free 공원 인증평가 항목 • *15*

05 Summary • *21*

01
서언

우리는 어머니의 뱃속에 있을 때부터 노인에 이를 때까지 생에 한번은 체력약자로서 지내게 된다. 또한 누구나 생에 한번은 체력약자로서 보행약자의 처지를 면치 못한다.

하지만 누구나 한번은 보행약자로서 겪어야 하는 현실에는 쉽게 동의하지 못한다. 사는 동안 장애인 · 보행약자에 대한 배려를 경험으로 체험하지 못해 익숙하지 않은 면도 그 이유가 될 것이다.

개개인의 문제뿐만 아니라 우리 사회도 산업화 과정에서 약자와 장애인에 대한 배려는 부족하였고, 법률에 의한 규제 · 사회복지 · 공정 등을 오랜 기간 논하지 못하였다.

공원 · 조경분야에서도 헐벗은 산야를 녹화하고, 휴게 · 레크리에이션 공원을 만들고, 산업단지를 만들기에 급급하다 보니 양적인 성장에 비해 약자를 배려하는 질적인 나눔과 공정(fair)이 부족하였다.

특히 2007년 장애물 없는 설계 시공분야가 소개되고, 시행되어 정착하고 있으나 BF 공원분야에서는 아직도 법률적 제도 · 학문적 이론 · 실무적 기술 등이 부족한 현실이다.

이 책은 BF 공원분야의 「도시공원 및 녹지 등에 관한 법률」 제2조제3호 가목의 도시공원 및 같은 법 제2조 4호의 공원시설에 대하여 2021년 12월 4일부터 의무적 인증을 받아야 하는 공원의 세부적인 지침인 공원 인증지표를 사업주 · 설계자 · 시공자가 쉽게 접근할 수 있도록 해설한 내용이다. 이 지표가 다듬고, 고쳐져야 할 부분이 있다는 것을 안다. 하지만 부족하나마 이러한 지표의 출발이 공원분야 BF의 시작이고 장애인 · 체력약자를 고려하는 시작이 되는 것이다.

이 책이 출간되기까지 내용을 꼼꼼히 검토해 주신 사단법인 한국지체장애인협회 유혜미님, EA조경기술사사무소 김현희님, 같이 고민하고 도움주신 사단법인 한국지체장애인협회 중앙회 직원 및 EA조경기술사사무소 직원분들께 감사드립니다.

02
배경 및 목적

장애인 · 노인 · 임산부 · 어린이 등 편의를 위해서 1998년에 시행된「장애인 · 노인 · 임산부 등의 편의증진 보장에 관한 법률」제2조, 제7조 및 제8조 등에 의한 편의시설 설치 대상시설인 「자연공원법」과 「도시공원 및 녹지등에 관한 법률」상의 공원에는 편의시설을 설치하고 이 편의시설 설치기준의 적합성 확인을 받도록 하였으나 실질적으로 공원분야에서는 이행치 않아 그 성과는 미미하였다.

2007년 7월에는 '장애물 없는 생활환경 인증제도'를 시행함으로써 공원의 공간구조와 체계에 대하여 설계와 시공의 공공성을 강화하여 시행토록 하였으나 별다른 이행 성과를 거두지 못하였다.

2019.12.3. 공원의 BF 시행 근거법인「장애인 · 노인 · 임산부 등의 편의증진 보장에 관한 법률」 제10조의2 제3항 1호에 국가나 지방자치단체가 지정·인증 또는 설치하는 공원 중「도시공원 및 녹지 등에 관한 법률」 제2조제3호 가목의 도시공원 및 같은 법 제2조 4호의 공원시설에 대하여 2021.12.4.부터 의무적 인증을 받도록 하였다.

공원분야 BF 인증을 받아야 하는 공원의 세부적인 지침인 공원 인증지표는 사업주 · 설계자 · 시공자가 지켜야 할 의무사항이다. 이러한 지표는 1998년 시행된 법령에 의거 구성된 지표이고 실무적 적용 사례가 많지 않아 이를 이행하는 이에게는 여간 까다로운 것이 아니다. 하지만 지켜야할 지표는 다양한 도시공원 및 공원시설에 적용 될 것이며, 그 사용의 의미 해석에 의견 또한 분분하고 1998년 시행된 법령에 의하여 구성된 지표 이다보니 현행 인증지표 적용에 여러 한계점을 나타내기도 한다.

본 내용은 건축부분에서 현행 시행되는 지표와 여러 사례를 준용하고 저자의 경험을 바탕으로 사업주 · 설계자 · 시공자가 지켜야할 최소한의 지표 해설을 그림으로 설명하여 다소나마 적용사례가 없는 현실에 올바른 방향을 위한 원칙을 명확하게 설명하고자 한다.

03
Barrier Free 인증개요

1) 장애물 없는 생활환경 인증제도란?

보건복지부장관과 국토교통부장관은 장애인등이(장애인, 고령자, 임산부, 영유아를 동반한 사람, 어린이 등 일상생활에서 이동에 불편을 느끼는 사람) 대상시설을 안전하고 편리하게 이용할 수 있도록 편의시설의 설치 · 운영을 유도하기 위하여 대상시설에 대한 평가 및 인증 제도를 마련하여 시행하고 있습니다.

2) 법적근거

* 「장애인 · 노인 · 임산부 등의 편의증진 보장에 관한 법률」
  (약칭:장애인등편의법) (2019.12.3 개정)제10조의2

* 「장애인 · 노인 · 임산부 등의 편의증진 보장에 관한 법률」
  (약칭:장애인등편의법) (2019.12.3 개정) 제7조 및 동법 시행령 별표1

* 「교통약자의 이동편의 증진법」(2020.6.9. 개정)

* 「도시공원 및 녹지 등에 관한 법률」
  (약칭:공원녹지법) 제2조제3호의 '도시공원'과 동법 제2조제4호의 '공원시설'

* 「장애물 없는 생활환경 인증에 관한 규칙」(2019.9.27 개정)
  〔보건복지부, 국토교통부 공동부령〕

* (국토교통부)「장애물 없는 생활환경(BF)인증심사기준 및 수수료기준 등」(2018.8.3 개정)

3) 인증대상

*「장애물 없는 생활환경 인증에 관한 규칙」

제2조(인증 대상) 장애물 없는 생활환경 인증(이하 "인증"이라 한다) 대상은 다음 각 호와 같다.

1. 개별시설
   가. 「장애인·노인·임산부 등의 편의증진 보장에 관한 법률」(이하 "장애인등편의법"이라 한다) 제7조에 따른 대상시설
   나. 「교통약자의 이동편의 증진법」(이하 "교통약자법"이라 한다) 제9조에 따른 교통수단, 여객시설, 도로

2. 교통약자의 안전하고 편리한 이동을 위하여 교통수단·여객시설 및 도로를 계획 또는 정비한 시·군·구(자치구를 말한다. 이하 같다) 및 「교통약자의 이동편의 증진법 시행령」 제15조의2에 따른 지역[전문개정 2015. 8. 3.]

*「장애인·노인·임산부 등의 편의증진 보장에 관한 법률」

제10조의2(장애물 없는 생활환경 인증)

③ 다음 각 호의 어느 하나에 해당하는 대상시설(이하 "의무인증시설"이라 한다)의 경우에는 의무적으로 인증(제2항 후단에 따른 예비인증을 포함한다)을 받아야 한다. 이 경우 인증을 받은 의무인증시설의 시설주는 제10조의3에 따라 인증의 유효기간 연장을 받아야 한다.

〈개정 2019. 12. 3., 2021. 6. 8.〉

1. 국가나 지방자치단체가 지정·인증 또는 설치하는 공원 중 「도시공원 및 녹지 등에 관한 법률」 제2조제3호가목의 도시공원 및 같은 법 제2조제4호의 공원시설

2. 국가, 지방자치단체 또는 「공공기관의 운영에 관한 법률」에 따른 공공기관이 신축·증축(건축물이 있는 대지에 별개의 건축물로 증축하는 경우에 한정한다. 이하 같다)·개축(전부를 개축하는 경우에 한정한다. 이하 같다) 또는 재축하는 청사, 문화시설 등의 공공건물 및 공중이용시설 중에서 대통령령으로 정하는 시설

3. 국가, 지방자치단체 또는 「공공기관의 운영에 관한 법률」에 따른 공공기관 외의 자가 신축·증축·개축 또는 재축하는 공공건물 및 공중이용시설로서 시설의 규모, 용도 등을 고려하여 대통령령으로 정하는 시설

* 「장애인·노인·임산부 등의 편의증진 보장에 관한 법률」시행령
  (2019.7.2 개정)

제5조(대상시설의 변경) 법 제9조에서 "대통령령으로 정하는 주요 부분을 변경(용도변경 을 포함한다)할 때"란 다음 각 호의 어느 하나에 해당할 때를 말한다.

2. 「자연공원법」 제12조부터 제14조까지에 따른 공원계획과 「도시공원 및 녹지 등에 관한 법률」 제16조의2에 따른 공원조성계획의 변경결정에 따라 별표 1에 따른 공공건물 및 공중이용시설에 해당하는 공원시설을 변경할 때

(비고)

보건복지부장관과 국토교통부장관은 위 표의 장애물 없는 생활환경 인증 대상 시설이 지형, 문화재 발굴 등 주변 여건으로 인하여 불가피하게 장애물 없는 생활환경 인증을 받기 어려운 경우 보건복지부와 국토교통부의 공동부령으로 정하는 바에 따라 의무 인증 시설에서 제외할 수 있다.

기부채납 시설물의 의무대상 여부

※ 기부 채납 시설은 장애물 없는 생활환경 인증의무 대상 시설임

기부채납은 「국유재산법」, 「공유재산 및 물품관리법」등 관련 법령의 절차에 따라 이루어지는 것이고, 장애인등편의법 제10조의2제3항에 따른 법적 의무 주체는 기부 채납자가 아닌, 완공 후 시설을 소유 및 사용, 관리하는 국가나 지방자치단체라는 점 및 공적 목적으로 이용되는 공공건물 등의 성격을 고려하여 장애물 없는 생활환경 인증에 적합한 시설로 신축하도록 의무를 부과한 점을 고려하면 장애인등편의법에서 장애인 등의 편익을 위해 규정된 내용을 달리 해석할 수는 없음

4) 인증신청자

* 개별시설: 개별시설의 소유자, 관리자 또는 시공자(개별시설의 시공자로서 소유자 또는 관리자가 인증신청에 동의하는 경우만 해당한다.)
* 지역:

- 시 · 군 · 구 및 지역에 대한 인증신청은 지방자치단체의 장
- 「교통약자의 이동편의 증진법 시행령」 제15조의2제2호 및 제3호에 따른 지역의 개발사업 시행자

5) 인증종류 및 신청시기

* 예비인증: 인증대상의 사업계획 또는 설계도면 등을 참고하여 본인증 전에 하고, 예비인증을 받은 자는 반드시 본인증을 받아야 함

* 본인증

1. 개별시설

  가. 장애인등편의법 제7조에 따른 대상시설, 교통약자법 제9조에 따른 여객시설 및 도로: 개별시설의 공사를 완료한 후

  나. 교통약자법 제9조에 따른 교통수단: 「자동차관리법」 제5조에 따른 등록, 「선박법」 제8조에 따른 등록 및 「항공법」 제3조에 따른 등록 또는 그 밖의 법령에 따라 운행허가를 받은 이후

2. 지역: 「국토의 계획 및 이용에 관한 법률」 제98조 또는 그 밖의 법령에 따른 공사 등의 완료 후

6) 인증유효기간

- 인증을 받은 날부터 10년으로 한다.
- 인증의 유효기간을 연장 받으려는 자는 유효기간이 끝나기 전에 공동부령으로 정하는 바에 따라 연장신청을 하여야 한다. 「장애인등편의법 제10조의3」〈개정 2019.12.3.〉

7) 인증등급

등급	등급 기준
최우수 등급	인증 기준 만점의 100분의 90 이상
우수 등급	인증 기준 만점의 100분의 80 이상 100분의 90 미만
일반 등급	인증 기준 만점의 100분의 70 이상 100분의 80 미만

「장애물 없는 생활환경 인증에 관한 규칙」제8조에 따른 인증 기준의 항목별 최소기준 이상을 충족하여야 하고, 이를 충족하지 아니하는 경우에는 인증등급을 부여하지 아니한다.

8) 인증절차

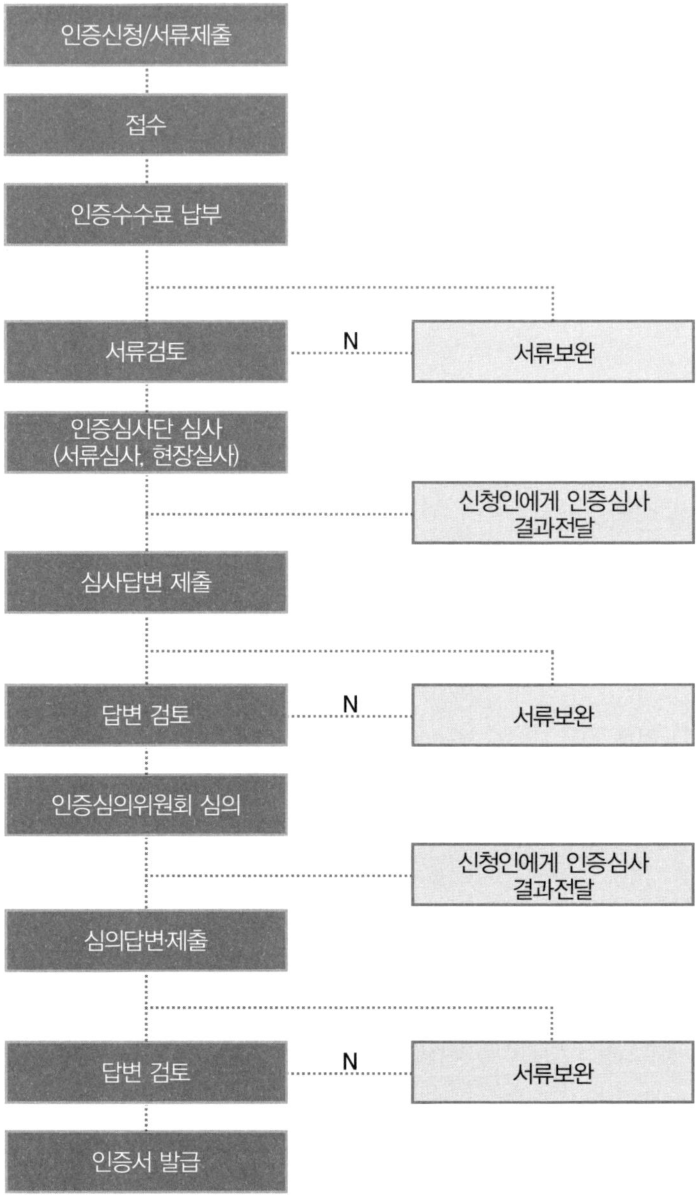
인증신청/서류제출
접수
인증수수료 납부
서류검토
N
서류보완
인증심사단 심사
(서류심사, 현장실사)
신청인에게 인증심사
결과전달
심사답변 제출
답변 검토
N
서류보완
인증심의위원회 심의
신청인에게 인증심사
결과전달
심의답변·제출
답변 검토
N
서류보완
인증서 발급

04

Barrier Free 공원 인증평가 항목

〔별표3〕공원 인증지표 및 기준(제2조 관련)

1. 매개시설

1.1 접근로

평가항목	평가방법	배점	쪽수
1.1.1 주출입구까지의 접근로	보도에서 주출입구까지의 접근로에서 보차가 분리된 안전보행로의 확보 평가	1	
1.1.2 유효폭	휠체어 사용자가 통행 할 수 있는 보행로 또는 접근로의 유효폭 확보 평가	2	
1.1.3 단차	공원까지의 모든 보행로 및 접근로의 단차 평가	1	
1.1.4 기울기	접근로의 진행방향 및 좌우기울기 평가	2	
1.1.5 바닥마감	미끄럽지 않은 바닥 재질 및 이음새 그리고 마감 평가	1	
1.1.6 보행장애물	접근로의 보행장애물이 제거되어 보행안전 통로로서의 연속성 확보와 차도와의 경계부분에 차도와 분리할 수 있는 공작물 설치 평가	2	
1.1.7 덮개	빠질 위험이 있는 곳에 표면 높이가 동일하고 격자구멍 또는 틈새가 없는 덮개 설치 평가	1	

1.2 장애인 전용 주차구역

평가항목	평가방법	배점	쪽수
1.2.1 주차장에서 출입구까지의 경로	장애인전용주차구역을 장애인등의 출입이 가능한 공원의 출입구 또는 장애인용 승강설비 근접 설치 평가	1	
1.2.2 주차면수 확보	장애인전용주차구역의 적정 주차면수 평가	1	
1.2.3 주차면	장애인전용주차구역의 규정에 적합 정도 평가	1	
1.2.4 보행안전통로	장애인전용주차구역에서 공원의 출입구 또는 장애인용 승강설비에 이르기까지 장애인안전통행로의 폭 및 연속성 평가	1	
1.2.5 안내 및 유도표시	장애인전용주차구역의 바닥에 장애인전용주차장표시 및 입식안내표시, 주차구역까지 적정 유도표시의 연속성 평가	1	

1.3 출입구

평가항목	평가방법	배점	쪽수
1.3.1 진출입 통제 계획	공원 출입구에서 자전거 및 오토바이 등의 진출입 통제 및 휠체어사용자의 진입을 가능하게 하는 장치 등의 설치 평가	5	
1.3.2 공원입구와 보도와의 경계	공원의 출입구와 보행로의 경계에서 보행자가 안전하고 편리하게 진입가능한지 여부평가	1	

2. 유도 및 안내시설

2.1 안내설비

평가항목	평가방법	배점	쪽수
2.1.1 안내판 설치	해당시설의 주요시설 위치 등에 대한 장애인 등이 쉽게 이용 가능한 안내판 설치 평가	2	
2.1.2 안내판의 정보	안내판에 장애인 등이 이용할 수 있는 시설 혹은 BF산책로의 정보 제공 유무 및 비장애인뿐만 아니라 시각·청각 장애인 등도 쉽게 인지할 수 있는지 대해 평가	2	
2.1.3 통합안내설비	해당시설의 주요시설 위치 등에 대한 음성안내 장치의 설치 여부 및 주출입구부터	2	
2.1.4 경고시설	위험지역에 적절한 경고시설의 설치 평가	1	

3. 위생시설

3.1 장애인등이 이용 가능한 화장실

평가항목	평가방법	배점	쪽수
3.1.1 장애유형별 대응 방법	평면구성의 장애유형별 대응 방법 평가	5	
3.1.2 안내표지판	장애인 등이 이용 가능한 화장실 이용 안내표지판 설치 평가	2	

3.2 화장실 접근

평가항목	평가방법	배점	쪽수
3.2.1 유효폭 및 단차	화장실로 접근하는 하기위한 모든 통로의 유효폭 및 단차 평가	3	
3.2.2 바닥 마감	화장실 바닥 마감의 평탄함 및 미끄러지는 정도 평가	2	
3.2.3 출입구(문)	출입구(문)의 형태 및 유효폭의 휠체어 접근 가능 정도와 화장실 입구에 점자블록 및 점자표지판 설치 평가	3	

3.3 대변기

평가항목	평가방법	배점	쪽수
3.3.1 칸막이 출입문	칸막이의 출입문 유효폭의 휠체어의 접근 가능 평가	2	
	장애인이 사용하기 편리한 출입문 형태 평가		
	칸막이 사용여부를 알 수 있는 시각설비 설치 정도 평가		
	누구나 사용하기 쉬운 손잡이 및 잠금장치 설치 정도 평가		
3.3.2 활동공간	대변기 내부 유효 바닥면의 크기 평가	2	
3.3.3 형태	대변기의 형태 및 설치 높이 평가	2	
3.3.4 손잡이	대변기 수평 및 수직손잡이 재질과 굵기, 설치 높이 평가	2	
3.3.5 기타설비	세정장치의 설치 형태 및 기타설비 평가	2	

3.4 소변기

평가항목	평가방법	배점	쪽수
3.4.1 형태 및 손잡이	소변기의 형태 및 수평·수직손잡이 굵기, 설치 높이 평가	2	

3.5 세면대

평가항목	평가방법	배점	쪽수
3.5.1 형태	세면대의 형태 평가	1	
3.5.2 거울	세면대 거울의 휠체어사용자의 사용 가능 평가	1	
3.5.3 수도꼭지	세면대 수도꼭지 형태 평가	1	

4. 편의시설

4.1 접근 및 이용성

평가항목	평가방법	배점	쪽수
4.1.1 시설까지의 접근로	공원 내 시설의 접근하기 쉬운 위치 평가	1	
4.1.2 공원시설의 주출입구	공원 시설의 주출입구로 안전하고 편리하게 접근하여 진입 가능 한지 정도를 주출입구의 높이 차이와 기울기 평가	2	

4.2 공원시설

평가항목	평가방법	배점	쪽수
4.2.1 장애인을 배려한 공원(놀이공간)	장애인 등이 이용할 수 있는 화단 혹은 놀이공간 등의 공원 시설 설치 평가	8	

4.3 기타설비

평가항목	평가방법	배점	쪽수
4.3.1 휴식공간	장애인 등이 접근 가능한 위치에 휴식공간 설치 평가	1	
4.3.2 매표소,판매기,음료대	장애인 등이 이용 가능한 매표소, 판매기, 음료대의 적정 구조 평가	2	

5. BF보행의 연속성

5.1 공원내부 보행로

평가항목	평가방법	배점	쪽수
5.1.1 BF보행로의 지정	내부 산책로 중 출입구-공원시설 간을 연결하는 주요보행로를 BF보행로로의 지정 평가	2	
5.1.2 보행안전 공간	내부 보행로에서 수직 수평의 3차원적인 무장애 보행공간의 확보 평가	6	
5.1.3 단차	공원 내의 모든 보행로 및 접근로의 단차 평가	1	
5.1.4 기울기	보행로 등의 진행 방향 및 좌우기울기의 경사 평가	5	
5.1.5 바닥 마감	미끄럽지 않은 바닥 재질 및 마감의 평탄한 정도와 미끄럼방지설비 설치 평가	2	
5.1.6 자전거 도로와의 접점	자전거와의 접점 없이 연속적인 안전보행로의 확보 평가	2	
5.1.7 보행유도의연속성	시각장애인 등을 배려한 보행유도의 연속성을 위한 장치나 시설계획 평가	10	

05 Summary

구분	1. 매개시설			2. 유도 및 안내시설	3. 위생시설					4. 편의시설			5. BF보행의 연속성
	1.1 접근로	1.2 장애인전용 주차구역	1.3 출입구	2.1 안내 설비	3.1 장애인 등이 이용 가능한 화장실	3.2 화장실 접근	3.3 대변기	3.4 소변기	3.5 세면대	4.1 접근 및 이용성	4.2 공원시설	4.3 기타설비	5.1 공원 내부 보행로

1. 매개시설

1.1 접근로

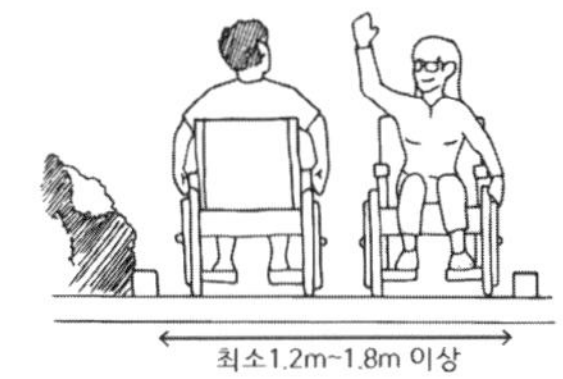

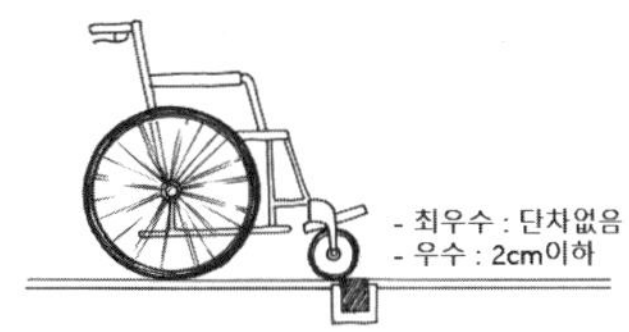

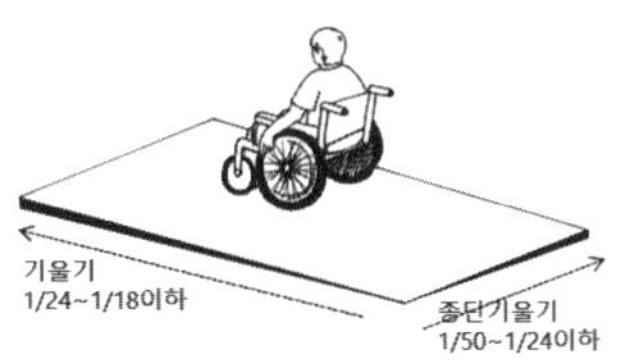

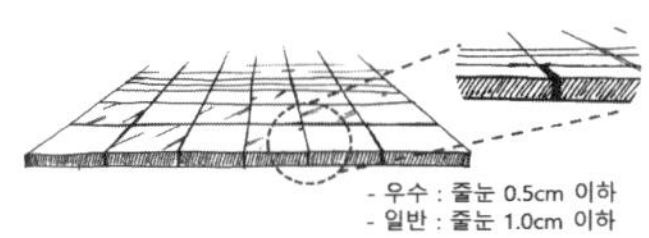

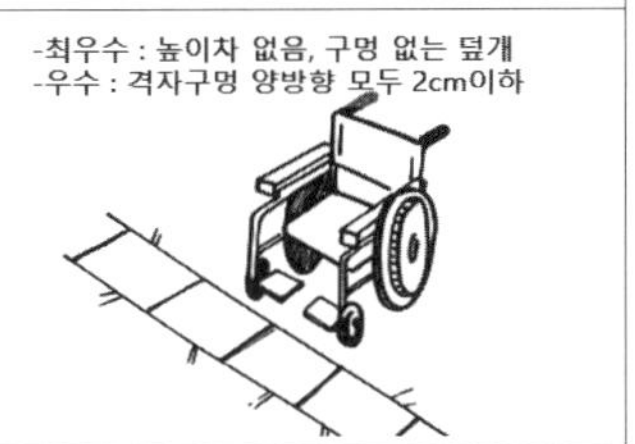

1.1.1 주출입구까지의 접근로	보행자와 차량동선을 완전히 분리
1.1.2 유효폭	전체구간의 접근로 유효폭이 (최소)1.2m ~ 1.8m이상
1.1.3 단차	전체구간에 단차 없음 / 단차 2cm 이하
1.1.4 기울기	접근로 전체구간 좌우기울기 1/50(2%/1.15°) ~ 1/24(4.17%/2.39°)이하 접근로 전체구간 기울기 1/24(4.17%/2.39°) ~ 1/18(5.56%/3.18°)이하
1.1.5 바닥마감	줄눈이 있는 경우 1.0cm~0.5cm이하로 함넘어져도 충격이 적은재료로 마감
1.1.6 보행장애물	일정구역을 지정하여 보도의 각종설치물의 설치장소로 활용차도와 구분되는 울타리 등 공작물 설치
1.1.7 덮개	높이차 전혀 없으며, 구멍이 없는 덮개를 사용/격자구멍이 있을 경우 2cm이하

1. 매개시설

1.2 장애인 전용 주차구역

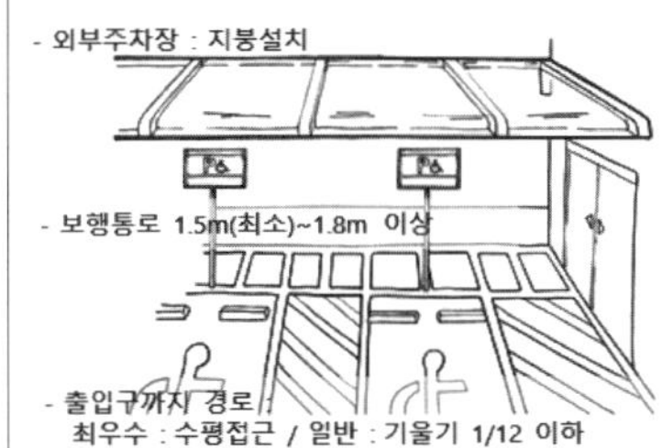

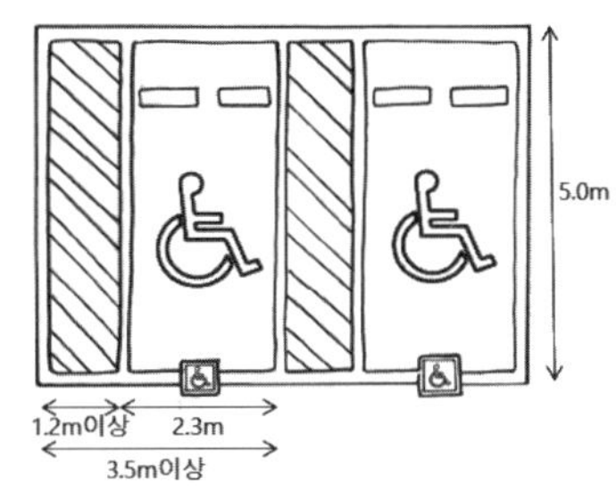

1.2.1 주차장에서 출입구까지의 경로	외부주차장의 경우 지붕이 설치되거나, 실내주차장의 경우 승강설비와 가장 가까운 장소에서 수평접근이 가능 경사가 있을 경우 기울기가 1/12이하
1.2.2 주차면수 확보	장애인전용주차구역의 주차면수 확보는 지방자치단체의 조례를 따름 규정비율의 100%이상 확보
1.2.3 주차면	(최소)폭 3.3m, 길이 5.0m, 휠체어 활동공간 노면표시
1.2.4 보행 안전통로	모든 구간에 안전보행통로 (최소1.2m ~ 1.8m이상) 가 연속적으로 설치
1.2.5 안내 및 유도표시	바닥 및 입식 안내표시, 식별성 확보, 연속적인 유도표시 설치

1. 매개시설

1.3 출입구

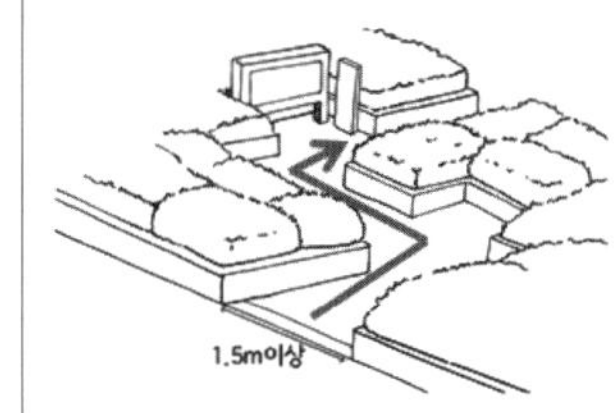

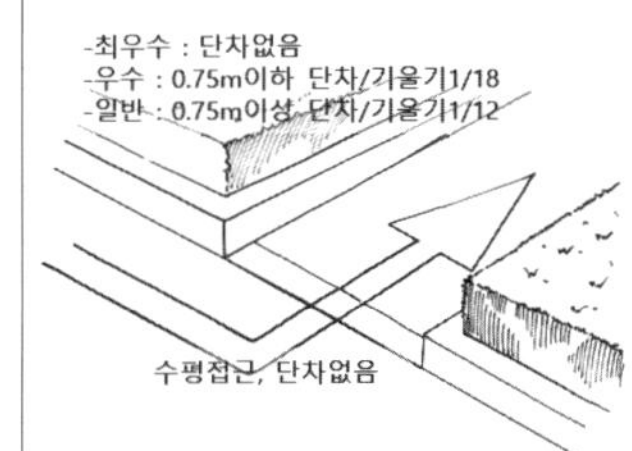

1.3.1 진출입 통제 계획	자전거 및 오토바이의 속도 저감 효과를 가져올 수 있도록 1.5m이상의 유효폭으로 지그재그, 반원, 곡선 형태 등으로 출입구 계획
1.3.2 공원 입구와 보도와의 경계	단차 없이 수평접근 기울기 1/18 ~ 1/12이하

5. BF보행의 연속성

5.1 공원내부 보행로

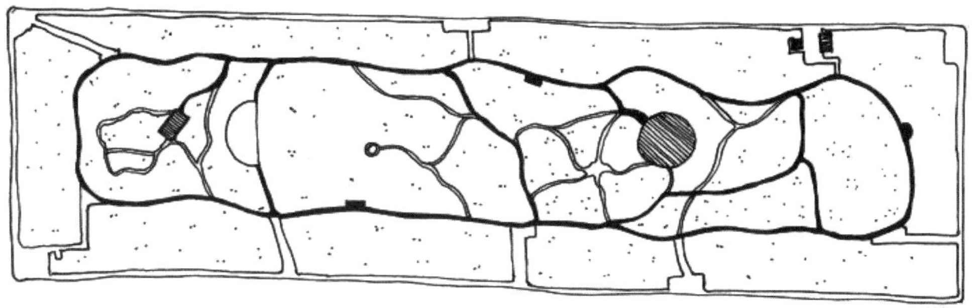

연속된 BF보행로 지정 및 유도 안내의 연속성 확보

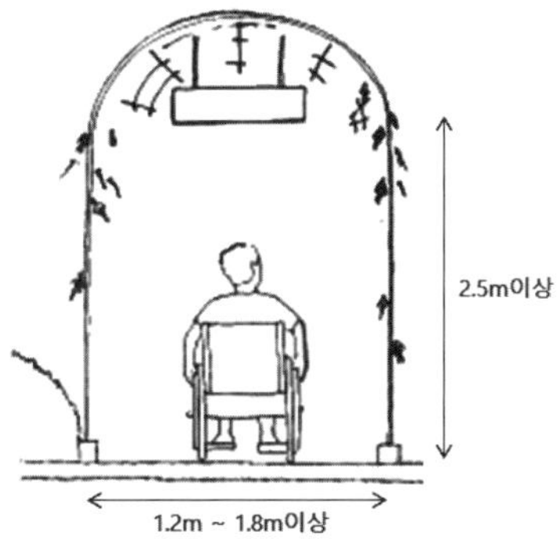

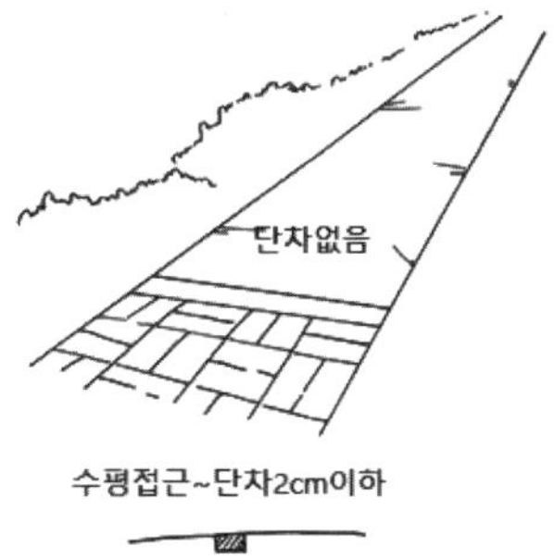

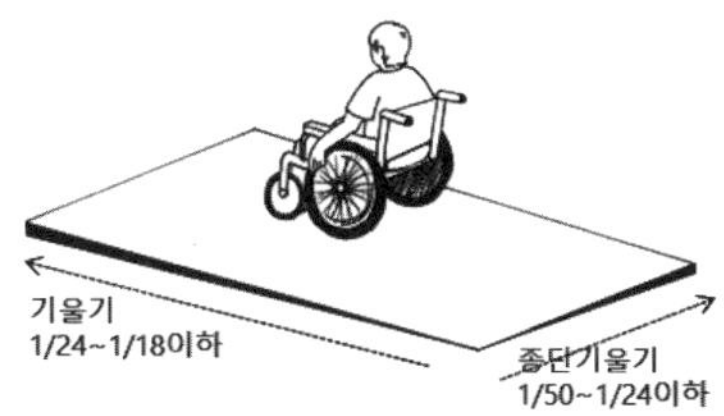

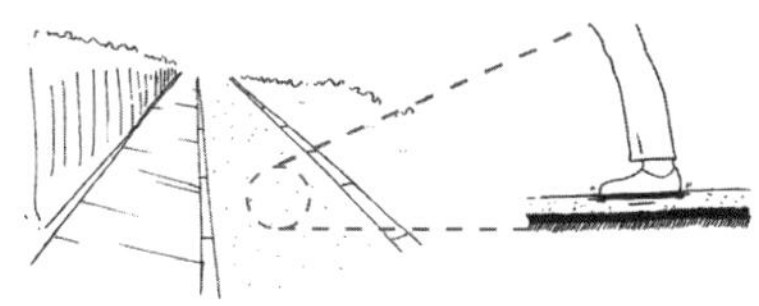

평탄하며, 넘어져도 충격이 적은 바닥마감

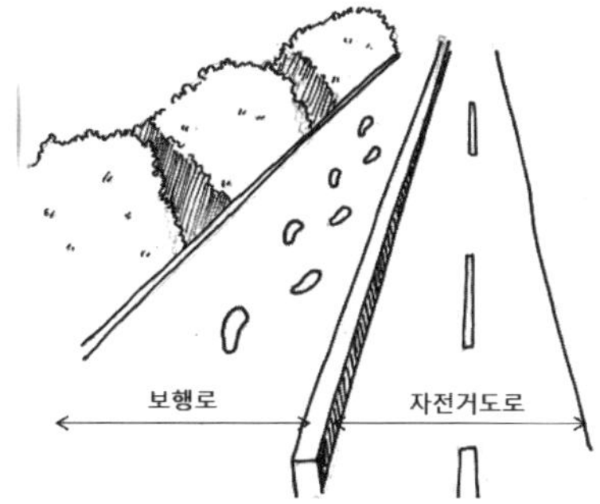

5.1.1 BF보행로의 지정	주출입구에서부터 공원내부 및 주요공원시설(화장실 등)간을 연결하여 돌아 나올 수 있는 연속된 BF보행로 지정 유도 안내의 연속성도 확보
5.1.2 보행안전공간	주요 산책로에 높이 2.5m이상, 보행로 유효폭 (최소)1.2m~1.8m이상의 무장애 공간 확보
5.1.3 단차	모든 보행로에 단차 전혀 없음 ~ 단차 2cm이하
5.1.4 기울기	좌우 1/50(2%/1.15°) ~ 1/24(4.17%/2.39°) 이하 진행방향 기울기 1/24(4.17%/2.39°) ~ 1/18(5.56%/3.18°) 이하
5.1.5 바닥마감	물이 묻어도 전혀 미끄럽지 않고 틈새가 전혀 없이 평탄하며, 넘어져도 충격이 적은재료로 마감
5.1.6 자전거 도로와의 접점	전체 보행구간에 자전거도로와의 교행 없음
5.1.7 보행유도의 연속성	시각장애인 및 일반인의 보행유도를 위해 연속적인 물길, 보행로와 어울리는 유도레일 등을 설치하여 보행유도

4. 편의시설

4.1 접근 및 이용성

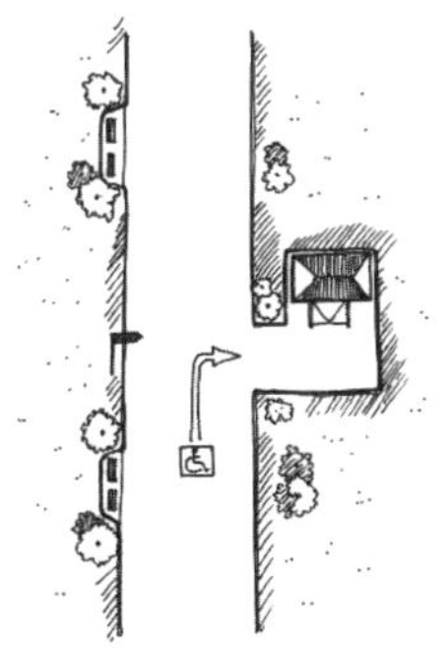

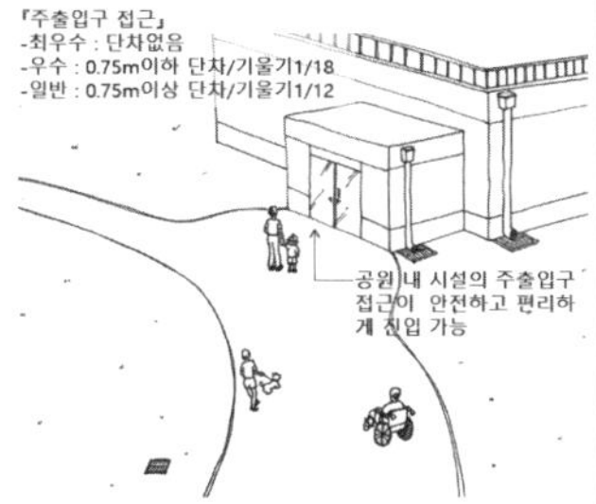

4.1.1 시설까지의 접근로	주 산책로에서 눈에 잘 뛰도록 위치 및 유도 안내 표시가 설치되어 있으며 안전보행로로 연결
4.1.2 공원시설의 주출입구	전혀 단차 없거나 단차가 있을 경우 기울기1/12이하의 경사로 설치

4. 편의시설

4.2 공원시설

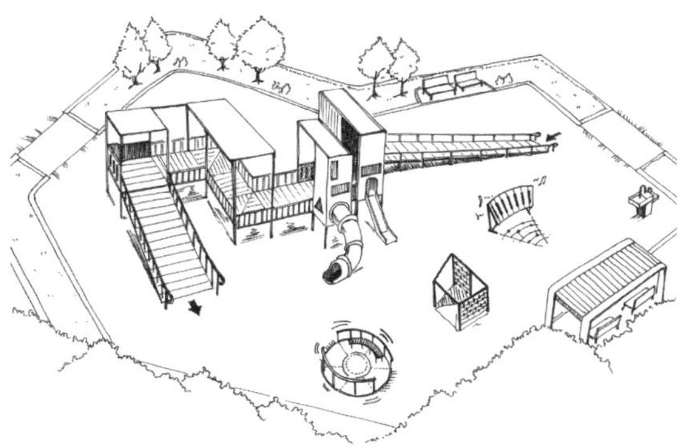

4.2.1 장애인을 배려한 공원 (놀이 공간)	통합시설로 설치

4. 편의시설

4.3 기타설비

매표소

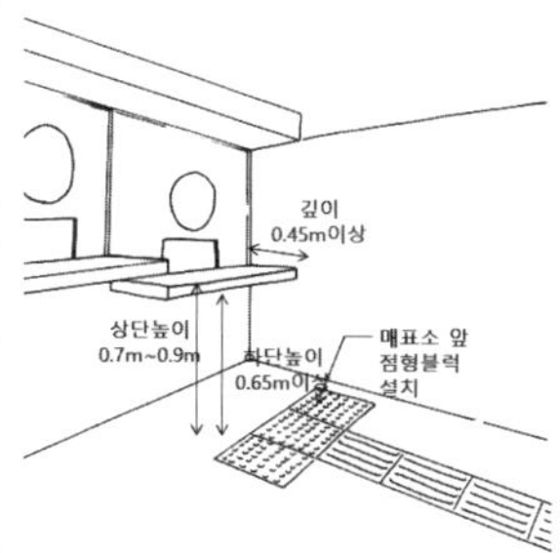

판매기

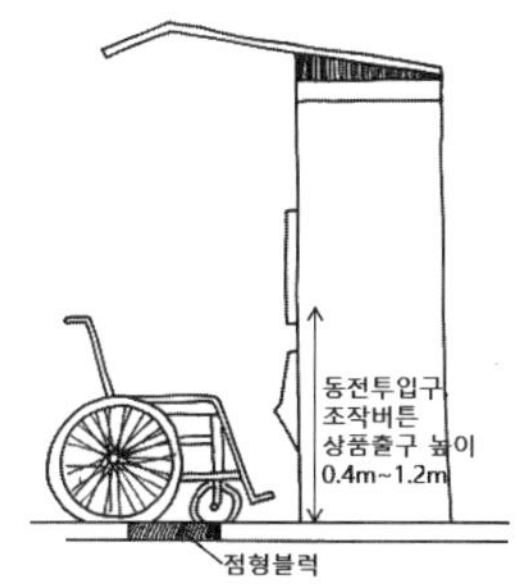

음료대

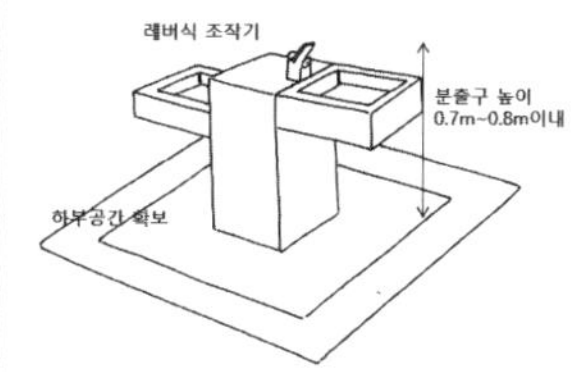

4.3.1 휴식공간		휠체어의 진입이 가능하고, 휴식공간 내부에서 휠체어가 회전할 수 있는 공간 확보 휠체어사용자와 비장애인의 휴식공간을 분리하지 않고 함께 휴식할 수 있는 공간 상부에 지붕 등을 설치함 등받이가 설치되어 있으며, 일어나기 편하도록 손잡이가 설치
4.3.2	매표소	상단높이 0.7m~0.9m, 하부높이 0.65m이상, 깊이 0.45m이상 확보 점형블럭 설치 유도 안내시설 설치
	판매기	판매기의 동전투입구 · 조작버튼 · 상품출구의 높이는 0.4m~1.2m로 하며, 0.3m 전면에는 점형블록을 설치하거나 바닥재의 질감을 달리하고, 조작버튼에는 품목 · 금액 · 목적지 등을 점자로 표시함
	음료대	휠체어의 접근이 가능한 위치에 설치 분출구의 높이는 0.7m~0.8m이내에 설치 휠체어바퀴가 들어갈 수 있는 하부공간 확보 레버식 조작기 설치 광감지식 조작기 설치 음료대 주변구역의 바닥 재질을 달리 마감하여 위치 안내

3. 위생시설

3.3 대변기

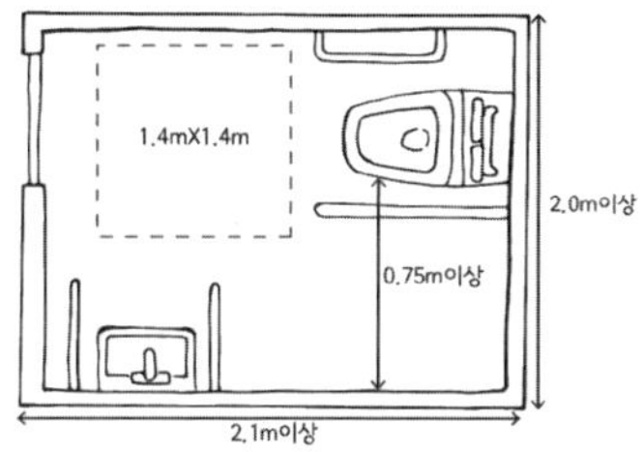

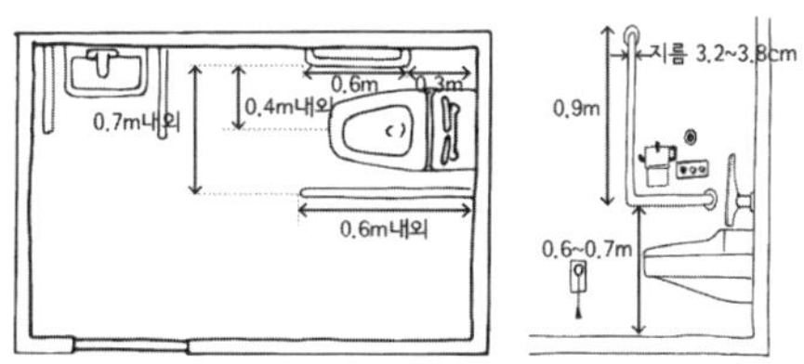

칸막이 출입문 유효폭
최우수 1.0m이상
우수 0.9m 이상

3.3.1 칸막이 출입문	· 유효폭 (최소)0.9m~1.0m이상 · 자동문 · 불이 켜지는 문자 시각설비 설치 · 누구나 사용이 편리한 형태의 잠금장치를 설치함
3.3.2 활동공간	우수의 조건을 만족하며, 대변기 유효바닥면적이 폭2.0m이상, 깊이2.1m이상이 되도록 설치
3.3.3 형태	대변기는 양변기, 벽걸이형으로 설치하고, 좌대의 높이는 바닥면으로부터 0.4m~0.45m 비데설치
3.3.4 손잡이	대변기 양옆에 수평손잡이는 높이 0.6m~0.7m위치에 설치 변기중심에서 0.4m이내의 지점에 고정하여 설치 다른 쪽 손잡이는 0.6m 내외의 길이로 회전식으로 설치하여야 하며 손잡이간의 간격은 0.7m내외로 설치할 수 있음 수직손잡이는 수평손잡이와 연결하여 0.9m이상의 길이로 설치 손잡이 두께는 지름 3.2cm~3.8cm가 되도록 설치
3.3.5 기타설비	대변기에 비상호출벨 및 등받이를 설치하여야 하며, 앉은 상태에서 화장지걸이 등의 기타설비가 이용 가능하도록 설치 세정장치는 광감지식(또는 자동 물내림 장치) 및 누름 버튼(바닥 또는 벽면) 설치

3. 위생시설

3.4 소변기

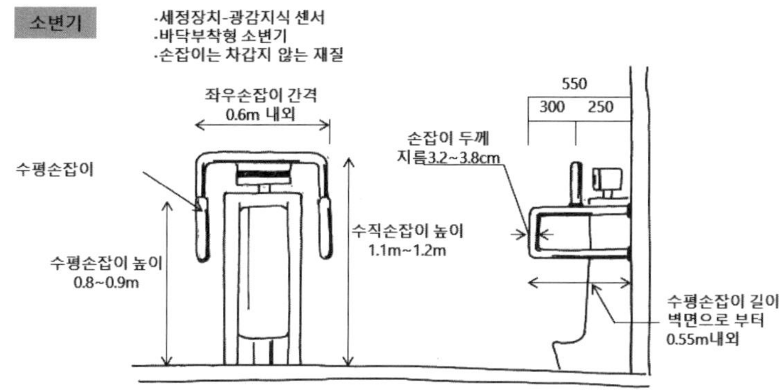

3.4.1 형태 및 손잡이	수평손잡이는 높이 0.8m~0.9m, 길이는 벽면으로부터 0.55m내외로 설치 좌우손잡이 간격은 0.6m내외로 설치 수직손잡이는 높이 1.1m~1.2m, 돌출폭 벽면으로부터 0.25m내외, 하단부가 휠체어의 이동에 방해가 되지 않도록 설치 손잡이 두께는 지름 3.2cm~3.8cm가 되도록 설치 바닥부착형의 소변기 설치 손잡이의 재질이 차갑지 않은 손잡이 설치

3. 위생시설

3.5 세면대

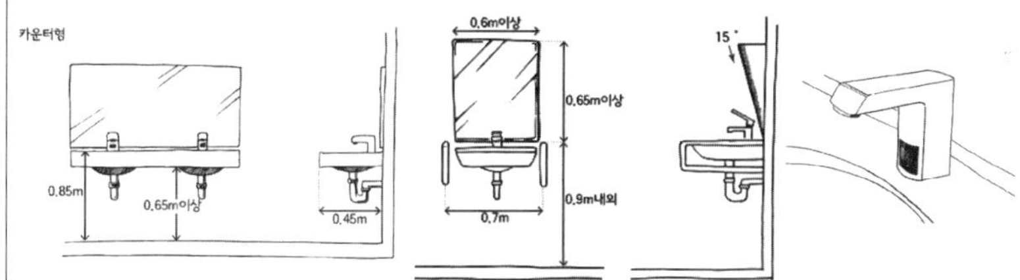

3.5.1 형태	세면대의 상단높이는 바닥면으로부터 0.85m 하단은 깊이 0.45m, 높이 0.65m이 확보 카운터형 혹은 단독형 세면대 설치 대변기 칸막이 내부에 대변기 사용에 전혀 방해가 되지 않는 세면대 설치
3.5.2 거울	세로길이 0.65m이상, 하단높이 바닥면으로부터 0.9m내외, 거울상단부분이 15˚정도 앞으로 경사진 경사형 거울 설치 전면 거울 설치 확대경 설치
3.5.3 수도꼭지	광감지식 설치

2. 유도 및 안내시설

2.1 안내설비

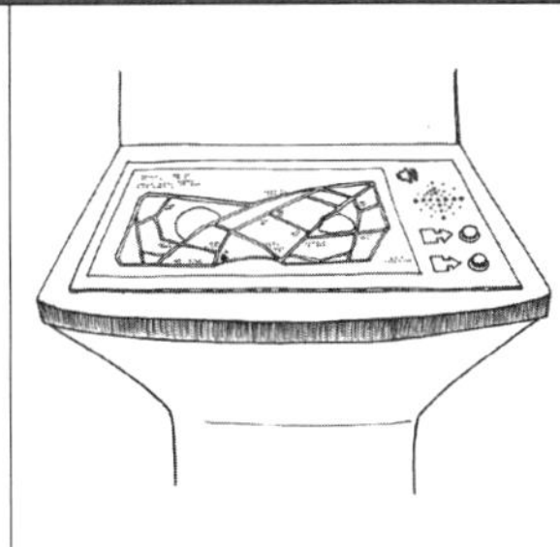

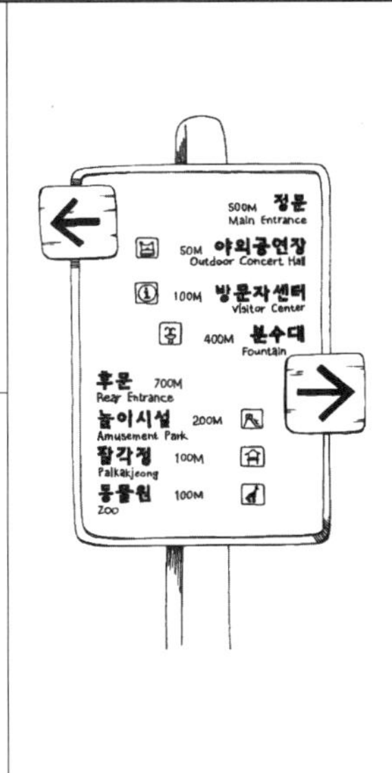

2.1.1 안내판 설치	장애인 등이 쉽게 이용가능한 안내판에 촉지도식 안내판과 음성 안내장치를 함께 설치
2.1.2 안내판의 정보	장애인 등이 이용 가능한 시설에 대한 정보제공 경사진 산책로의 경우 경사 정도를 표시
2.1.3 통합 안내 설비	대지경계선에 접근시 시각장애인이 소지한 리모콘에 의해 작동되는 음성안내장치 설치 재질과 마감을 달리하고, 색 대비를 통해 점자블록의 기능을 확보 안내표시를 읽기 좋은 글자체(고딕체 또는 이와 유사한 글자체)를 사용하였으며 외국어 및 그림을 병용하여 표시
2.1.4 경고 시설	주요 위험지역에 색상, 질감적으로 다른 마감재를 이용하여 점자블록의 기능을 확보하여 경고시설 설치

3. 위생시설

3.1 장애인등이 이용 가능한 화장실

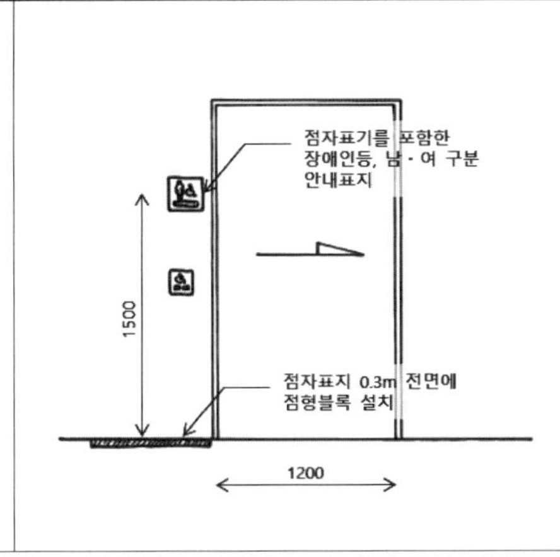

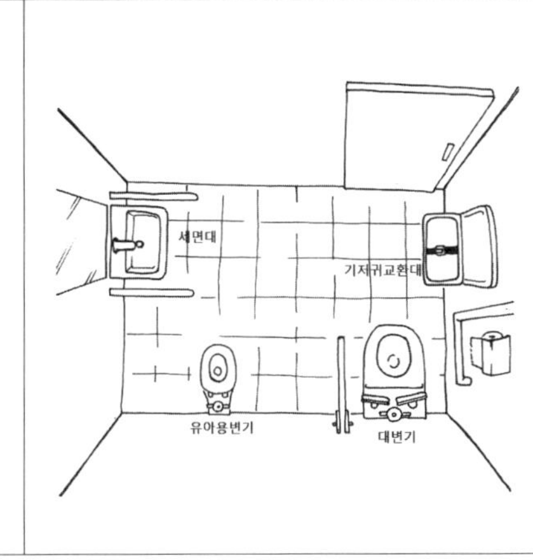

3.1.1 장애인유형별 대응방법	화장실의 50%이상이 다목적 화장실
3.1.2 안내표지판	화장실 출입문 옆 벽면의 1.5m 높이에 점자표기를 포함한 남 · 여 구분 안내표지 있음 점자표지 0.3m 전면에 점형블록 설치 다기능에 대한 안내표지

3. 위생시설

3.2 화장실 접근

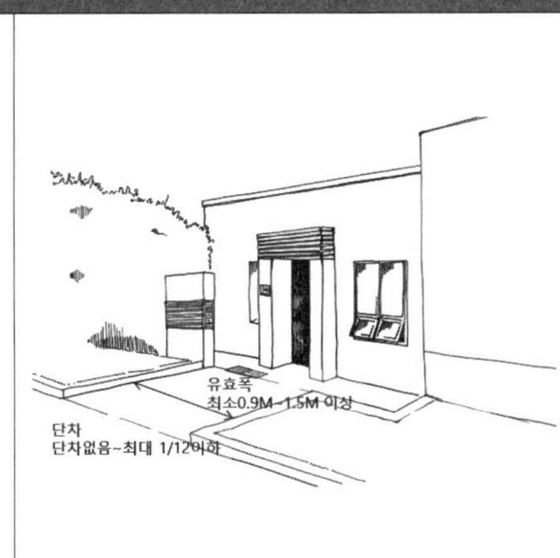

3.2.2 바닥 마감	(최소)0.9m~1.5m이상 통로폭 확보 / 전혀 단차 없거나 단차가 있을 경우 기울기1/12이하의 경사로 설치
3.1.2 안내표지판	물이 묻어도 미끄럽지 않고, 걸려 넘어져도 충격을 흡수할 수 있는 재료로 마감
3.2.3 출입구(문)	출입구(문) 유효폭을 최소0.9m~1.2m이상 확보

PART 2.

장애물 없는 생활환경 인증기준(공원)

01 매개시설 • *29*

02 유도 및 안내시설 • *69*

03 위생시설 • *83*

04 편의시설 • *123*

05 BF보행의 연속성 • *141*

01 매개시설

1.1 접근로 • 30

1.1.1 주출입구까지의 접근로 • 30
1.1.2 유효폭 • 32
1.1.3 단차 • 35
1.1.4 기울기 • 37
1.1.5 바닥 마감 • 40
1.1.6 보행장애물 • 42
1.1.7 덮개 • 48

1.2 장애인 전용 주차구역 • 50

1.2.1 주차장에서 출입구 까지의 경로 • 50
1.2.2 주차면수 확보 • 55
1.2.3 주차면 • 56
1.2.4 보행 안전통로 • 58
1.2.5 안내 및 유도표시 • 60

1.3 주출입구 • 63

1.3.1 진출입 통제 계획 • 63
1.3.2 공원 입구와 보도와의 경계 • 65

1.1 접근로

1.1.1 주출입구까지의 접근로

세부 평가기준

- **평가목적** : 모든 이용자가 보도에서 공원의 주출입구까지 안전하게 이동·접근할 수 있어야 하며, 보행에 장애물이 될 수 있는 것이 없어야 함
- **평가방법** : 보도에서 주출입구까지의 접근로에서 보차가 분리된 안전보행로가 확보되었는지에 대해 평가
- **배　　점** : 1점 (평가항목)
- **산출기준 평점** : 평가 등급에 해당하는 점수로 평가

구분	접근로와 차도의 분리 여부	점수
최우수	차도와 완전히 분리된 접근로	1.0
우수	보행자와 차량의 교행이 포함된 전용 접근로	0.8
일반	보차혼용 접근로	0.7

– 차도와 완전히 분리된 접근로라 함은 계획 단계부터 보행자와 차량 동선을 완전히 분리하여, 보행자가 공원입구까지 차량의 간섭을 받지 않고 진입하는 것을 말함

– 공원 입구까지의 보행로에 있어 차량과의 간섭에 의한 위험이 전혀 없는 경우 최우수로 보며, 차량과의 간섭부분이 생길 지라도 보행자 우선의 접점계획이 있을 경우 최우수로 봄

– 공원이 대지선에 인접하여 있어 주출입구가 보도에서 직접 연결된 경우 대지 내에서 주출입구 활동공간을 확보하고 주차 등으로 인해 주출입구 이용에 불편함이 없는 경우 최우수로 평가하며, 보도의 공간을 활용하여 활동공간을 확보하고 주차 등으로 인해 주출입구 이용에 불편함이 없는 경우 우수로 평가함

관련법 및 제출서류

- **관련법**

「장애인·노인·임산부 등의 편의증진 보장에 관한 법률」 시행령 별표2 제2호

「장애인·노인·임산부 등의 편의증진 보장에 관한 법률」 시행규칙 별표1 제1호

다. 경계

(1) 접근로와 차도의 경계부분에는 연석·울타리 기타 차도와 분리할 수 있는 공작물을 설치하여야 한다. 다만, 차도와 구별하기 위한 공작물을 설치하기 곤란한 경우에는 시각장애인이 감지할 수 있도록 바닥재의 질감을 달리하여야 한다.

(2) 연석의 높이는 6센티미터 이상 15센티미터 이하로 할 수 있으며, 색상은 접근로의 바닥재색상과 달리 설치할 수 있다.

• **제출서류**

예비인증	– 배치도(차량 출입 및 보행 출입구 표시) – 차량 및 보행자 동선 계획 – 바닥 마감 계획 상세도 ※ 위 제출서류 중 평가항목의 조건을 만족하는 서류제출
본인증	– 예비인증시와 동일

인증등급별 사례

최우수	·보행자와 차량동선을 완전히 분리하여 차량과의 간섭에 의한 위험이 전혀없는 경우 ·차량과의 간섭부분이 생길 지라도 보행자 우선의 접점계획이 있을 경우 ·주출입구 활동공간을 확보하며 이용에 불편함이 없는 경우

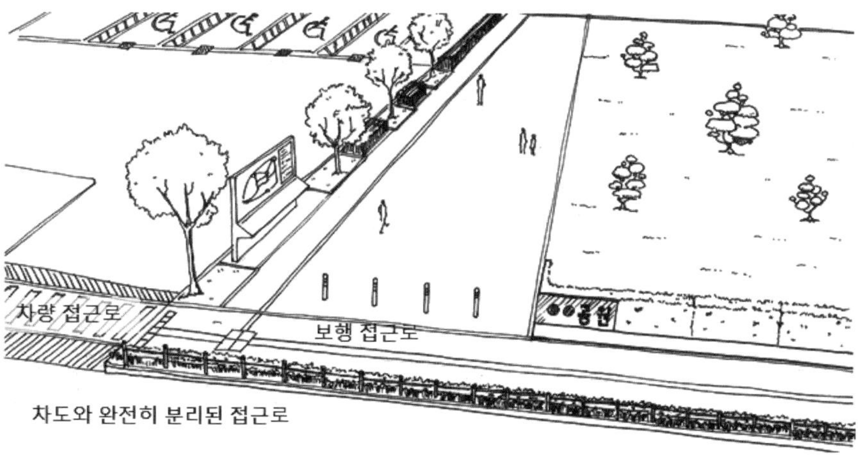

차도와 완전히 분리된 접근로

우수	·보도의 공간을 활용하여 활동공간을 확보하고 주차 등으로 인해 주출입구 이용에 불편함이 없는 경우

1.1.2 유효폭

세부 평가기준

- **평가목적** : 접근로의 유효폭을 평가하여 장애인 등 다양한 사용자가 이동하는데 불편함이 없는 적절한 유효폭을 확보하도록 함
- **평가방법** : 휠체어사용자가 통행할 수 있도록 보행로 또는 접근로의 적정 유효폭 확보 여부 평가
- **배 점** : 2점 (평가항목)
- **산출기준 평점** : 접근로의 유효폭 평가등급에 해당하는 평가항목 점수로 평가

구분	접근로의 유효폭	평가항목 점수
최우수	전체구간의 접근로 유효폭이 1.8m이상	2.0
우수	전체구간의 접근로 유효폭이 1.5m이상	1.6
일반	전체구간의 접근로 유효폭이 1.2m이상	1.4

- 접근로의 유효폭은 대지내의 접근로 전체 유효폭 중 가장 좁은 부분을 기준으로 측정함
- 공원이 대지선에 인접하여 있어 보도로부터 직접 주출입구가 연결된 경우 확보된 대지내의 주출입구 활동공간 또는 주출입구 전면 보도의 공간을 평가 대상으로 봄

관련법 및 제출서류

- **관련법**

「장애인·노인·임산부 등의 편의증진 보장에 관한 법률」 시행령 별표2 제2호
「장애인·노인·임산부 등의 편의증진 보장에 관한 법률」 시행규칙 별표1 제1호

1. 장애인등의 통행이 가능한 접근로

가. 유효폭 및 활동공간

(1) 휠체어사용자가 통행할 수 있도록 접근로의 유효폭은 1.2미터 이상으로 하여야 한다.

(2) 휠체어사용자가 다른 휠체어 또는 유모차 등과 교행할 수 있도록 50미터마다 1.5미터× 1.5미터 이상의 교행구역을 설치할 수 있다.

(3) 경사진 접근로가 연속될 경우에는 휠체어사용자가 휴식할 수 있도록 30미터마다 1.5미터× 1.5미터 이상의 수평면으로 된 참을 설치할 수 있다.

• 제출서류

구분	내용
예비인증	– 배치도(차량 출입 및 보행 출입구 표시) – 접근보행로 단면도 ※ 위 제출서류 중 평가항목의 조건을 만족하는 서류제출
본인증	– 예비인증시와 동일

인증등급별 사례

등급	기준	예시
최우수	대지내의 출입구 접근로 전체 유효폭 중 가장 좁은 부분 유효폭이 1.8m이상인 경우	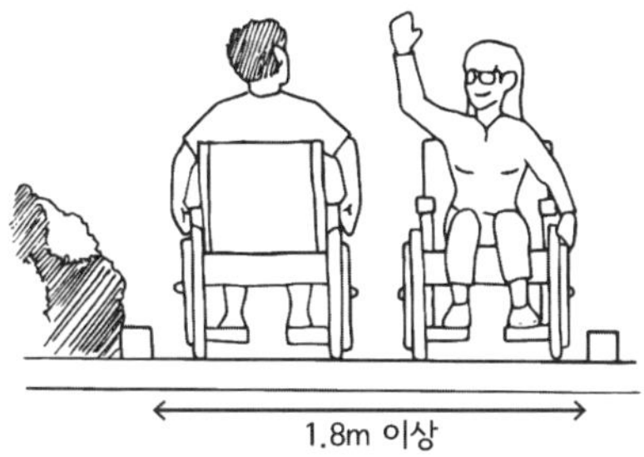
우수	전체구간의 접근로 유효폭이 1.5m이상인 경우	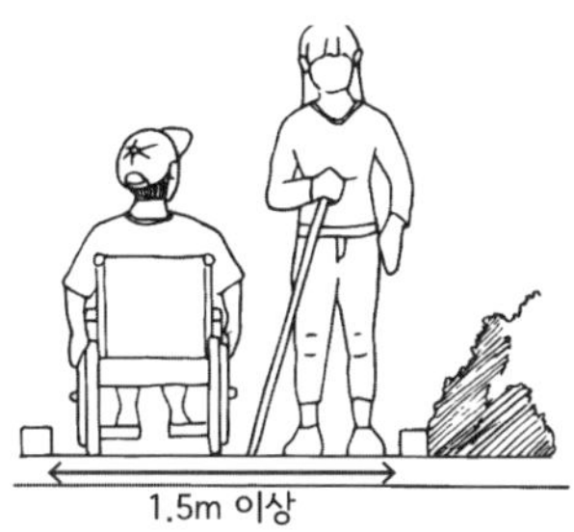
일반	전체구간의 접근로 유효폭이 1.2m이상	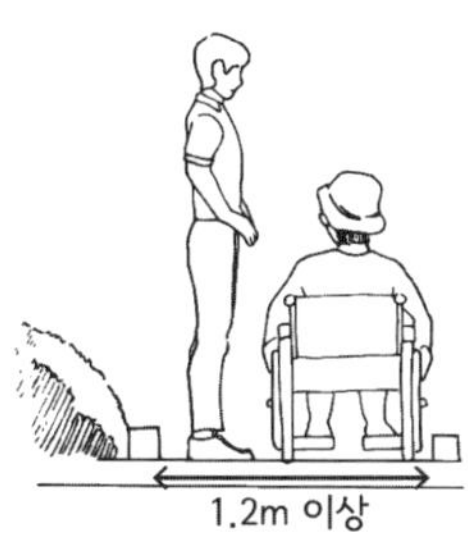

기타사항

휠체어 회전공간	접근로의 굴절구간 및 막다른구간은 휠체어의 회전이 가능하도록 회전공간 (1.5m × 1.5m이상) 을 확보하는 것이 바람직합니다.	
교행구역 설치안1	두 대의 휠체어가 교행할 수 있도록 접근로 50m마다 1.5m×1.5m공간이 요구됨	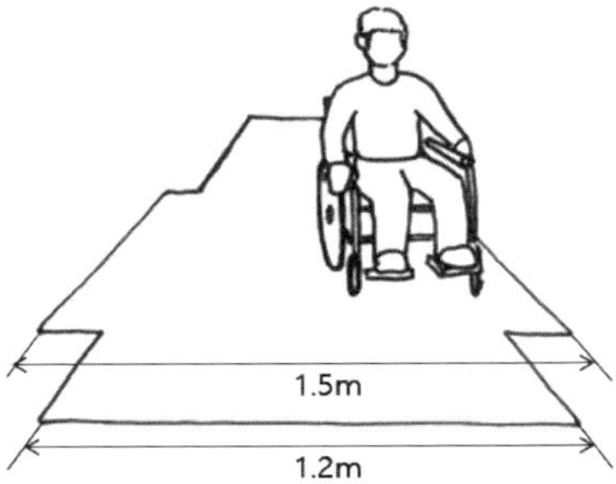
교행구역 설치안2	두 대의 휠체어가 교행할 수 있도록 접근로 50m마다 1.5m×1.5m공간이 요구됨	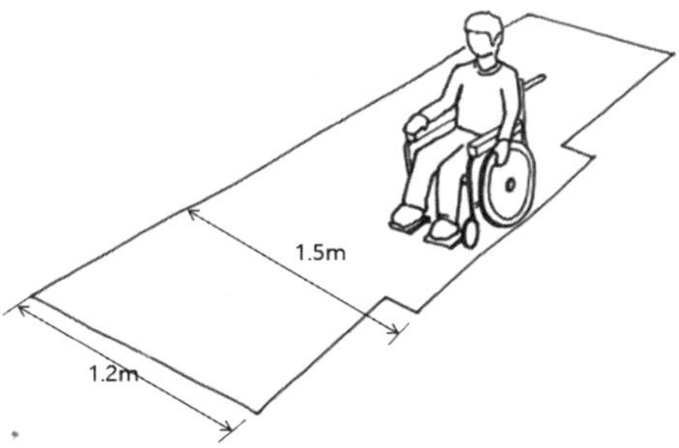

1.1.3 단차

세부 평가기준

- **평가목적** : 접근로의 단차를 평가하여 휠체어사용자의 통행을 어렵게 만들고, 노인이나 임산부 등 다양한 사용자가 걸려 넘어질 위험이 있는 단차를 두지 않도록 함
- **평가방법** : 공원 주출입구까지의 모든 보행로 및 접근로의 진행방향상의 단차 평가
- **배　　점** : 1점 (평가항목)
- **산출기준 평점** : 접근로의 단차 평가등급에 해당하는 평가항목 점수로 평가

구분	접근로의 단차	점수
최우수	전체구간에 단차 없음	1.0
우수	전체구간에 단차 2cm이하	0.8

– 접근로의 단차는, 대지내의 접근로에 단차가 있는 경우 단차가 제일 큰 곳을 기준으로 평가함

– 공원이 대지선에 인접하여 있어 보도로부터 직접 주출입구가 연결된 경우 확보된 대지내의 주출입구 활동공간 또는 주출입구 전면 보도의 공간을 평가 대상으로 봄

관련법 및 제출서류

- **관련법**

「장애인·노인·임산부 등의 편의증진 보장에 관한 법률」 시행령 별표2 제2호

「장애인·노인·임산부 등의 편의증진 보장에 관한 법률」 시행규칙 별표1 제1호

나. 기울기 등

(2) 대지 내를 연결하는 주접근로에 단차가 있을 경우 그 높이 차이는 2센티미터 이하로 하여야 한다.

- **제출서류**

예비인증	– 배치도(차량 출입 및 보행 출입구 표시) – 접근보행로 단면도 – 바닥 마감 계획 상세도 ※ 위 제출서류 중 평가항목의 조건을 만족하는 서류제출
본인증	– 예비인증시와 동일

인증등급별 사례

최우수	전체구간 단차 없음

1) 바닥마감과 경계석

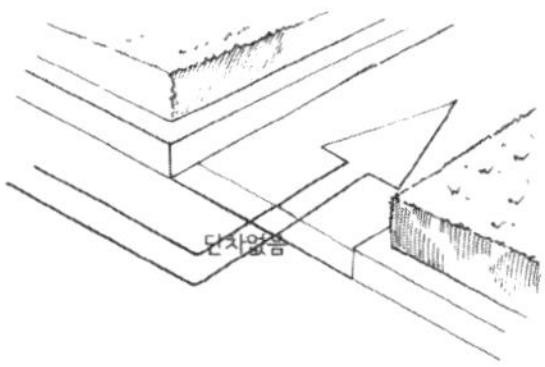

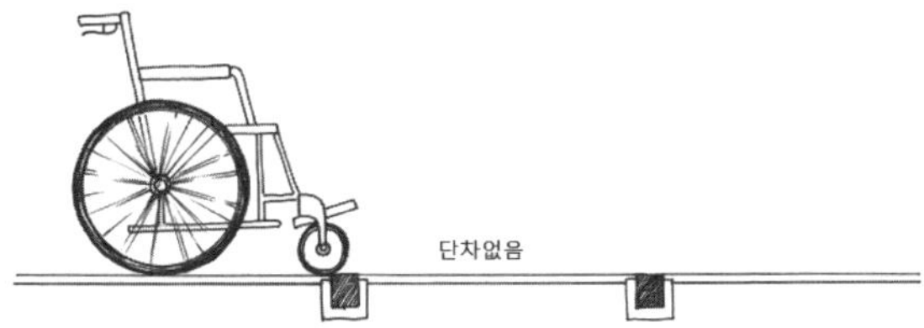

2) 이질재료 마감

· 바닥마감의 질감 및 색상의 변화를 계획 할 경우에도 보행장애물이 되지 않도록 단차없이 계획하여야 한다.

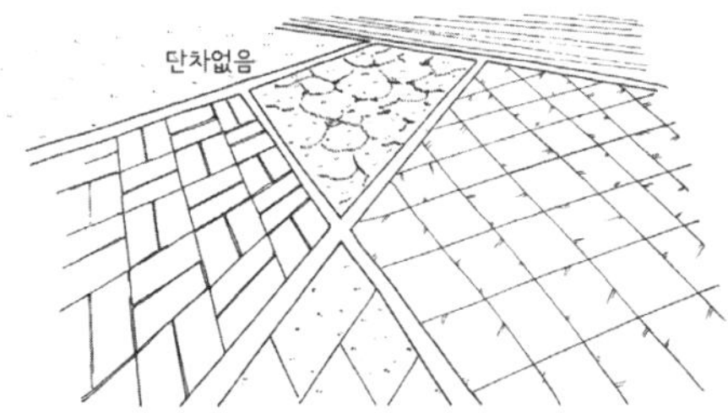

우수	전체구간에 단차 2cm이하

바닥마감과 경계석

· 부득이하게 단차가 발생할 수 밖에 없을 경우 2Cm이하로 계획하여야 한다.

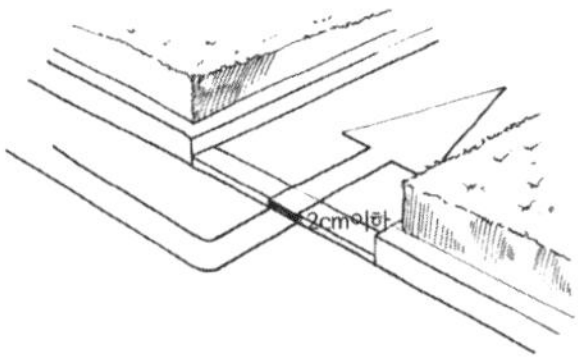

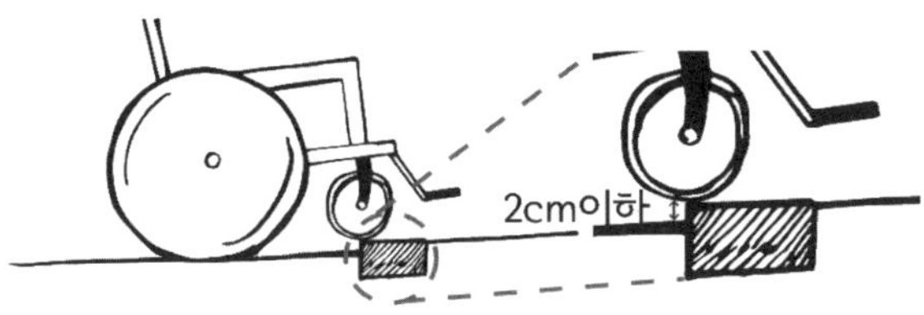

1.1.4 기울기

세부 평가기준

- **평가목적** : 접근로의 기울기를 평가하여 휠체어사용자가 안전하게 주출입구로 접근 가능하도록 하며, 노인이나 임산부 등 다양한 이용자가 편리하게 접근 가능하도록 함
- **평가방법** : 접근로의 진행방향 및 좌우기울기의 정도 평가
- **배　　점** : 2점 (평가항목)
- **산출기준 평점** : 접근로의 기울기 평가등급에 해당하는 평가항목 점수로 평가

구분	접근로의 진행방향 기울기 정도	점수
최우수	접근로 전체구간 좌우기울기 1/50(2%/1.15°)이하 접근로 전체구간 기울기 1/24(4.17%/2.39°)이하	2.0
우수	접근로 전체구간 좌우기울기 1/24(4.17%/2.39°)이하 접근로 전체구간 기울기 1/18(5.56%/3.18°)이하	1.6

- 접근로의 기울기는 대지내의 접근로에 경사가 있는 경우 경사가 제일 급한 곳을 기준으로 평가함
- 공원이 대지선에 인접하여 있어 보도로부터 직접 주출입구가 연결된 경우 확보된 대지내의 주출입구 활동공간 또는 주출입구 전면 보도의 공간을 평가 대상으로 봄

관련법 및 제출서류

- **관련법**

「장애인·노인·임산부 등의 편의증진 보장에 관한 법률」 시행령 별표2 제2호

「장애인·노인·임산부 등의 편의증진 보장에 관한 법률」 시행규칙 별표1 제1호

1. 장애인등의 통행이 가능한 접근로

가. 유효폭 및 활동공간

(3) 경사진 접근로가 연속될 경우에는 휠체어사용자가 휴식할 수 있도록 30미터마다 1.5미터 × 1.5미터 이상의 수평면으로 된 참을 설치할 수 있다.

나. 기울기 등

(1) 접근로의 기울기는 18분의 1이하로 하여야 한다. 다만, 지형상 곤란한 경우에는 12분의 1까지 완화할 수 있다.

• **제출서류**

예비인증	– 배치도(차량 출입 및 보행 출입구 표시) – 접근보행로 단면도 – 바닥 마감 계획 상세도 ※ 위 제출서류 중 평가항목의 조건을 만족하는 서류제출
본인증	– 예비인증시와 동일

인증등급별 사례

• 경사도 계산법 : L≥18H (L:경사로길이, H:경사로높이)

• 참의 길이는 경사로의 길이에 포함되지 않는다.

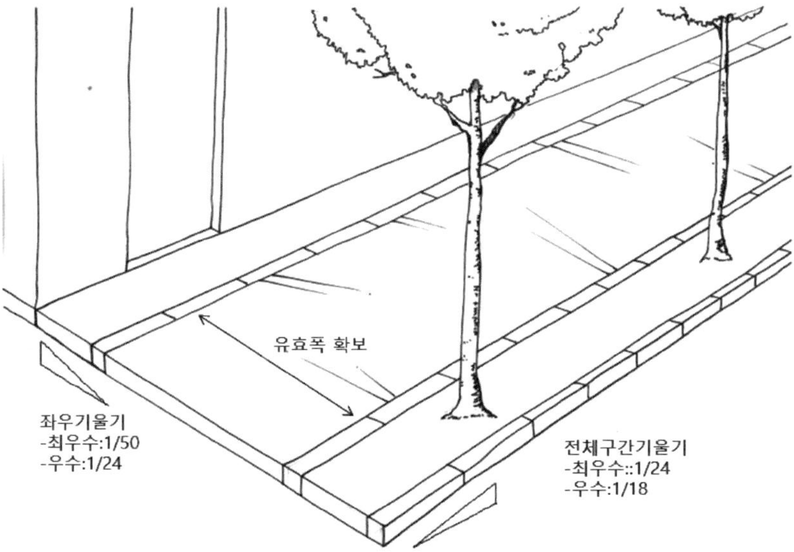

기타사항

계단+경사로

· 접근로의 경사로를 직선 방향으로 설치하기 어려운 경우 굴절하여 설치할 수 있으며, 다양한 사용자의 원활한 통행을 위해 계단과 함께 설치

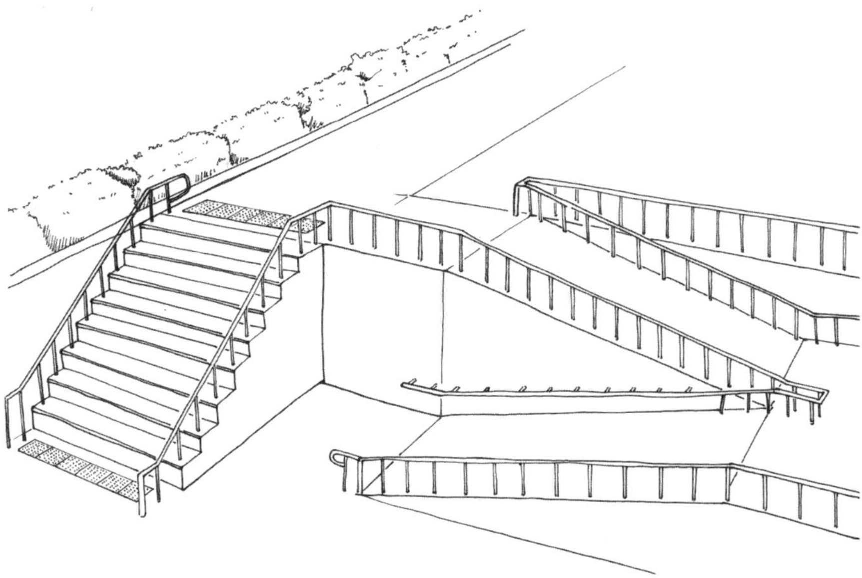

1.1.5 바닥 마감

세부 평가 기준

- **평가목적** : 접근로의 마감 정도를 평가하여 장애인 및 노약자 등 다양한 사용자가 미끄러지거나 걸려 넘어지지 않고 안전하게 주출입구로 접근이 가능하도록 함
- **평가방법** : 미끄럽지 않은 바닥 재질 및 이음새 그리고 마감정도의 평탄한 정도에 따른 평가
- **배　　점** : 1점 (평가항목)
- **산출기준 평점** : 접근로의 바닥 마감 평가등급에 해당하는 평가항목 점수로 평가

구분	바닥 재질 마감	점수
최우수	우수의 조건을 만족하며, 넘어져도 충격이 적은재료로 마감	1.0
우수	일반의 조건을 만족하며, 줄눈이 있는 경우 0.5cm이하로 함	0.8
일반	물이 묻어도 전혀 미끄럽지 않으며, 걸려 넘어질 염려 없이 평탄하게 마감하며 줄눈이 있는 경우 1cm이하로 함(보도블록 등)	0.7

– 접근로의 바닥이 여러 재료로 마감되어 있는 경우 그 마감 정도가 가장 미비한 곳을 기준으로 평가함
– 공원이 대지선에 인접하여 있어 보도로부터 직접 주출입구가 연결된 경우 확보된 대지내의 주출입구 활동공간 또는 주출입구 전면 보도의 공간을 평가 대상으로 봄

관련법 및 제출서류

- **관련법**

「장애인·노인·임산부 등의 편의증진 보장에 관한 법률」 시행령 별표2 제2호
「장애인·노인·임산부 등의 편의증진 보장에 관한 법률」 시행규칙 별표1 제1호

라. 재질과 마감

(1) 접근로의 바닥표면은 장애인 등이 넘어지지 아니하도록 잘 미끄러지지 아니하는 재질로 평탄하게 마감하여야 한다.

(2) 블록 등으로 접근로를 포장하는 경우에는 이음새의 틈이 벌어지지 아니하도록 하고, 면이 평탄하게 시공하여야 한다.

• **제출서류**

예비인증	– 배치도(차량 출입 및 보행 출입구 표시) – 접근보행로 단면도 – 바닥 마감 계획 상세도 ※ 위 제출서류 중 평가항목의 조건을 만족하는 서류제출
본인증	– 예비인증시와 동일

인증등급별 사례

최우수	모든 출입 접근로는 물이 묻어도 전혀 미끄럽지 않으며, 걸려 넘어져도 충격이 적은 재료로 마감하며 줄눈이 있는 경우 0.5Cm이하인 경우임

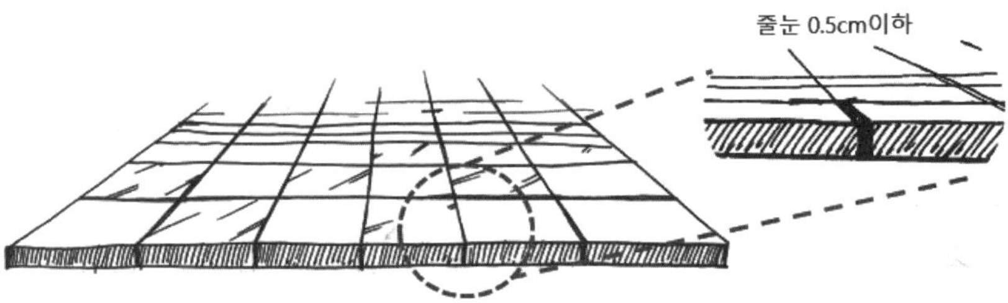

1.1.6 보행장애물

세부 평가기준

- **평가목적** : 접근로의 보행장애물을 평가하여 장애인 등 다양한 이용자가 차량 및 장애물 등으로 인한 위험 없이 주출입구로 접근이 가능하도록 함
- **평가방법** : 접근로의 보행장애물이 제거되어 보행안전 통로로서 연속성이 확보되고, 차도와의 경계부분에 차도와 분리할 수 있는 공작물의 설치 정도로 평가
- **배　점** : 2점 (평가항목)
- **산출기준 평점** : 접근로의 보행장애물 및 접근로와 차도의 경계 평가등급에 해당하는 평가항목 점수로 평가
- **세부항목** : 보행장애물

구분	보행장애물	점수
최우수	우수의 조건을 만족하며 명확하게 장애물 구역이 설치	1.0
우수	가로등, 가로수 등이 보행에 장애물로 인식되지 않도록 설치	0.8

– 장애물 구역은 일정구역을 지정하여 보도의 각종설치물의 설치장소로 활용하는 것을 말함

- **세부항목** : 접근로와 차도의 경계

구분	접근로와 차도의 경계	점수
최우수	차도와 구분되는 울타리 등 공작물 설치	1.0
우수	보행통로와 차도에 경계석이 설치되고, 재질과 색상 모두 구분됨	0.8

– 접근로와 차량 동선을 분리하여 차량의 간섭을 전혀 받지 않는 경우는 접근로와 차도의 경계분리 항목은 최우수로 평가함

관련법 및 제출서류

- **관련법**

「장애인·노인·임산부 등의 편의증진 보장에 관한 법률」 시행령 별표2 제2호
「장애인·노인·임산부 등의 편의증진 보장에 관한 법률」 시행규칙 별표1 제1호

다. 경계

(1) 접근로와 차도의 경계부분에는 연석·울타리 기타 차도와 분리할 수 있는 공작물을 설치하여야 한다. 다만, 차도와 구별하기 위한 공작물을 설치하기 곤란한 경우에는 시각장애인이 감지할 수 있도록 바닥재의 질감을 달리하여야 한다.

(2) 연석의 높이는 6센티미터 이상 15센티미터 이하로 할 수 있으며, 색상은 접근로의 바닥재색상과 달리 설치할 수 있다.

마. 보행장애물

(1) 접근로에 가로등·전주·간판 등을 설치하는 경우에는 장애인 등의 통행에 지장을 주지 아니하도록 설치하여야 한다.

(2) 가로수는 지면에서 2.1미터까지 가지치기를 하여야 한다.

· 제출서류

예비인증	– 배치도(차량 출입 및 보행 출입구 표시) – 접근보행로 단면도 – 바닥 마감 계획 상세도 – 접근보행로 상에 보행지원시설 및 설치물 설치 상세도 ※ 위 제출서류 중 평가항목의 조건을 만족하는 서류제출
본인증	– 예비인증시와 동일

인증등급별 사례

[보행장애물]

공원접근로

· 공원 접근로에 가로등, 가로수 등이 보행에 장애물로 인식되지 않도록 명확하게 장애물 구역이 설치되는 경우

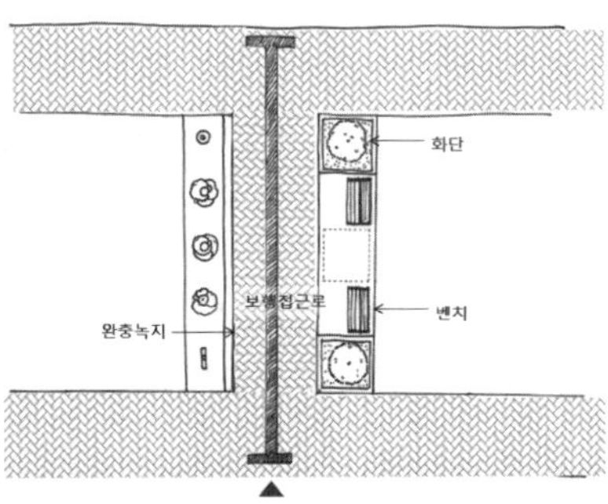

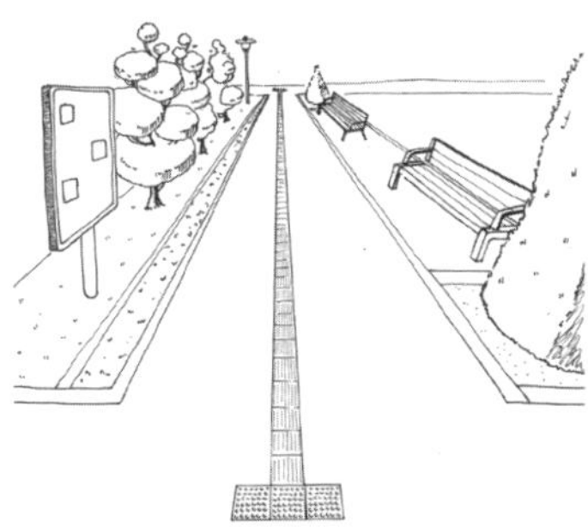

· 보행장애물이 설치될 경우 충돌방지를 위해 바닥마감을 달리하여 충돌방지 계획을 하여야 한다.

기둥충돌방지
바닥포장재료의 질감 또는 색상의 변화

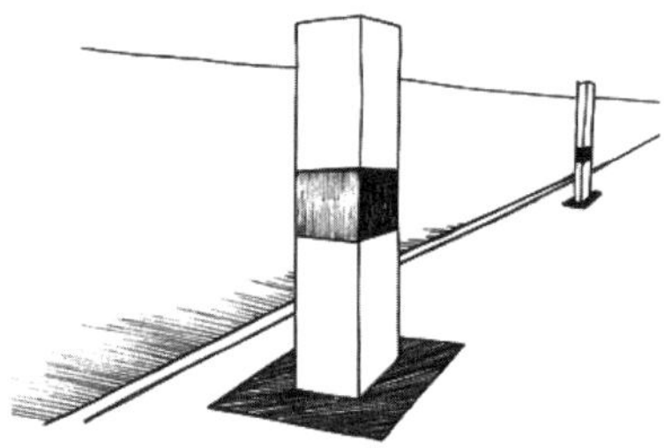

소방관련시설물

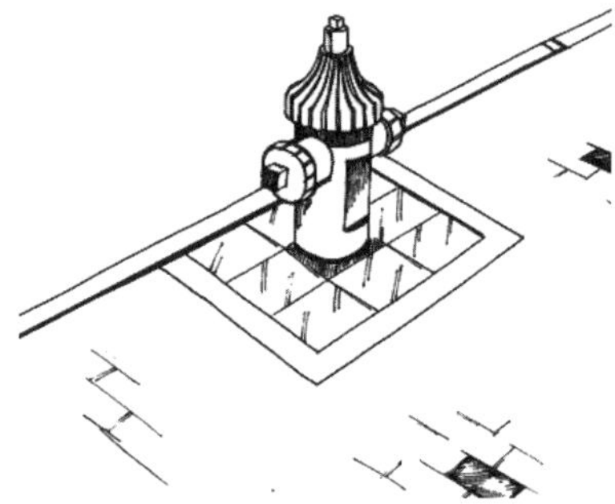

· 외부 돌출된 시설물(프로젝트창호, 가스메타함 등)의 경우 접근로와 간섭이 되지 않도록 녹지공간 등을 설치하여 보행장애물이 되지 않도록 계획한다.

계단하부

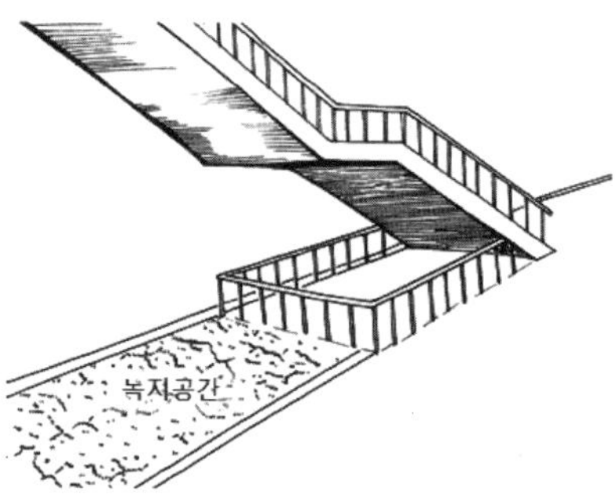

외부 돌출 시설물

· 접근로에 자전거 보관소 등을 설치할 경우 접근로와 간섭이 발생하지 않도록 알코브방식으로 설치하여야 합니다.

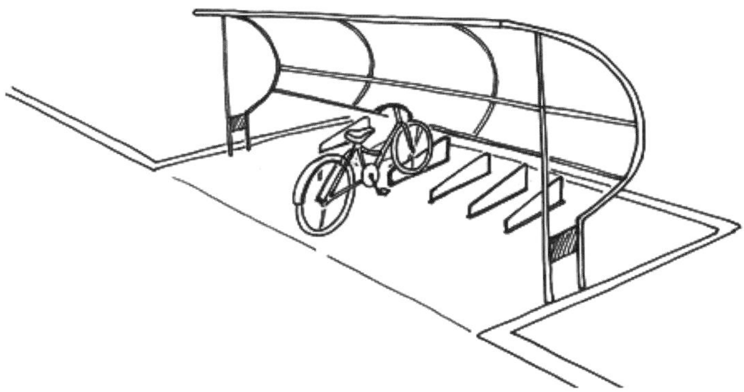

· 접근로에 가로수가 설치되는 경우 보행자의 안전을 위하여 높이 2.5m까지 가지치기를 하여야 합니다.

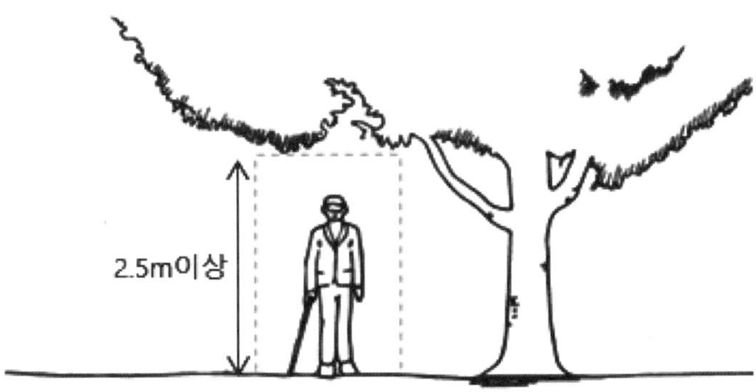

[접근로와 차도의 경계]

최우수 – 차도와 구분되는 울타리 등 공작물을 설치

– 접근로와 차량 동선을 분리하여 차량의 간섭을 전혀 받지 않는 경우

■ 보/차도 공작물

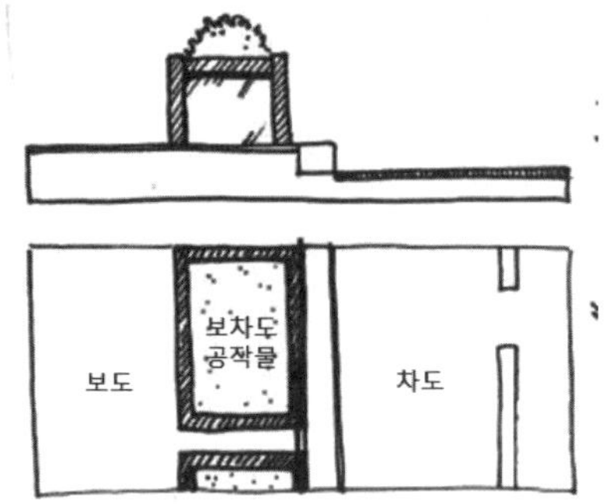

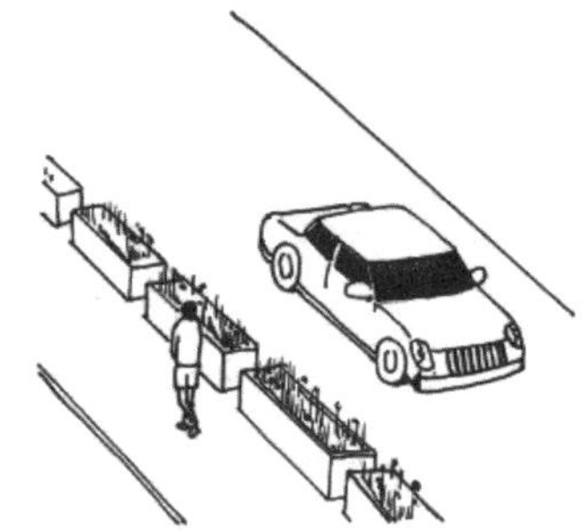

■ 보/차도 울타리

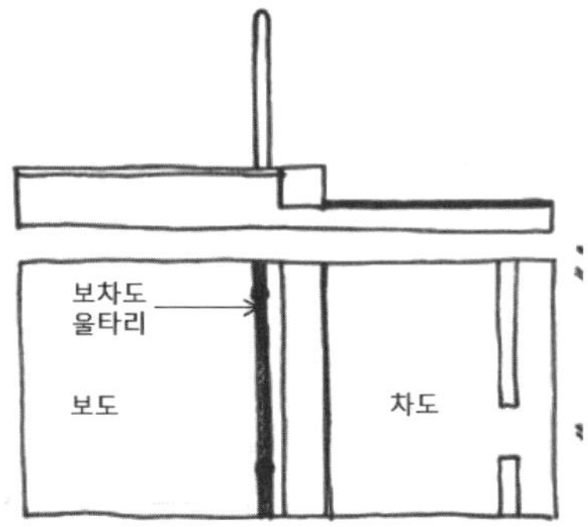

우수 – 보행통로와 차도에 경계석이 설치되고, 재질과 색상 모두 구분됨

■ 보/차도 경계석

		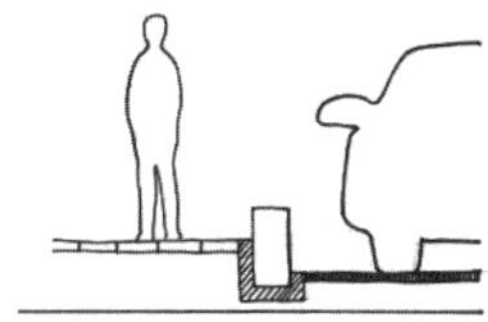
1안	2안	3안

1.1.7 덮개

세부 평가기준

- **평가목적** : 접근로의 배수로 덮개를 평가하여 배수로 덮개에 의해 발생하는 위험이나 배수로 격자구멍 또는 틈새에 발생하는 위함요소들이 없이 주출입구로 접근 가능하도록 함
- **평가방법** : 빠질 위험이 있는 곳에 표면 높이가 동일하고, 격자구멍 또는 틈새가 없는 덮개를 설치하였는지 평가
- **배　　점** : 1점 (평가항목)
- **산출기준 평점** : 접근로의 배수로 덮개 평가등급에 해당하는 평가항목 점수로 평가

구분	배수로 덮개	점수
최우수	높이차 전혀 없으며, 구멍이 없는 덮개를 사용	1.0
우수	높이차 전혀 없으며, 격자구멍(틈새) 등이 양방향 모두 2cm이하	0.8

– 접근로 상에 배수로 등과 같은 빠질 위험이 있는 부분이 전혀 없어 덮개 설치가 불필요한 경우 최우수로 평가함

– 공원이 대지선에 인접하여 있어 보도로부터 직접 주출입구가 연결된 경우 확보된 대지내의 주출입구 활동공간 또는 주출입구 전면 보도의 공간을 평가 대상으로 봄

관련법 및 제출서류

- **관련법**

「장애인·노인·임산부 등의 편의증진 보장에 관한 법률」 시행령 별표2 제2호

「장애인·노인·임산부 등의 편의증진 보장에 관한 법률」 시행규칙 별표1 제1호

라. 재질과 마감

(3) 장애인 등이 빠질 위험이 있는 곳에는 덮개를 설치하되, 그 표면은 접근로와 동일한 높이가 되도록 하고 덮개에 격자구멍 또는 틈새가 있는 경우에는 그 간격이 2센티미터 이하가 되도록 하여야 한다.

• 제출서류

예비인증	– 배치도(차량 출입 및 보행 출입구 표시) – 접근보행로 단면도 – 바닥 마감 계획 상세도 – 배수로 덮개 설치 상세도 ※ 위 제출서류 중 평가항목의 조건을 만족하는 서류제출
본인증	– 예비인증시와 동일

인증등급별 사례

최우수	· 높이차 전혀 없으며, 구멍이 없는 덮개를 사용 · 접근로 상에 배수로 등과 같은 빠질 위험이 있는 부분이 전혀 없어 덮개 설치가 불필요한 경우 최우수로 평가함	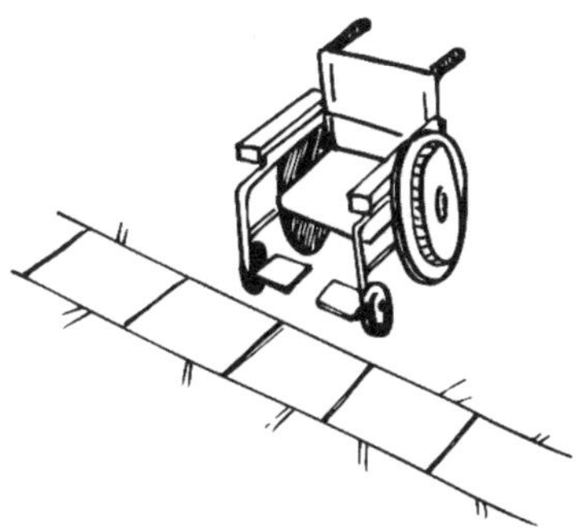
우수	· 높이차 전혀 없으며, 격자구멍(틈새) 등이 양방향 모두 2cm이하	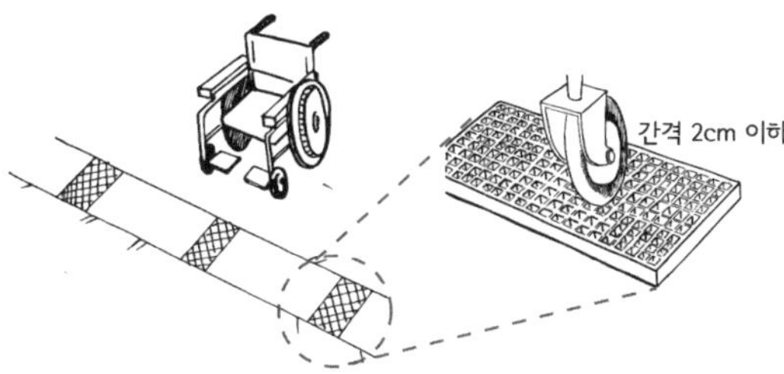

1.2 장애인 전용 주차구역

1.2.1 주차장에서 출입구까지의 경로

세부 평가기준

- **평가목적** : 주차장에서 출입구까지의 경로를 평가하여 장애인 또는 노약자 등의 이용자가 장애인주차구역에 주차 후 안전하게 주출입구 또는 승강설비로 접근이 가능하도록 함
- **평가방법** : 장애인전용주차구역을 장애인 등의 출입이 가능한 건축물의 출입구 또는 장애인용 승강설비 가까운 곳에 설치하였는지 평가
- **배　　점** : 1점 (평가항목)
- **산출기준 평점** : 주차장에서 주출입구 경로의 평가 등급에 해당하는 점수

구분	주차장에서 출입구까지의 경로	점수
최우수	외부주차장의 경우 지붕이 설치되거나, 실내주차장의 경우 승강설비와 가장 가까운 장소에서 수평접근이 가능	1.0
우수	경사로 없이 접근 가능	0.8
일반	경사로를 이용하여 접근 가능하며, 기울기가 1/12(8.33%/4.76°)이하로 설치	0.7

- 주차장에서 주출입구까지의 경로는 차량의 간섭이 전혀 없어야 하며, 접근로의 기준(1.1평가항목)을 준수하여야 하며, 접근로의 기준(1.1항목)을 준수하지 아니할 경우 평가등급을 받을 수 없음
- 불가피하게 대지 내에 주차장을 설치하지 못하여 인근 주차장을 이용하여야 하는 경우, 인근주차장 이용에 대한 정확한 안내 및 유도표시와 인근주차장에서 주출입구까지의 접근로의 정비가 이루어진 경우에 한하여, 그로 평가받을 수 있음
- 기울기 1/24(4%) 이하는 수평접근과 동일한 것으로 인정함
- 주차장시설이 없는 경우의 점수산정은 장애인전용주차구역(1.2 항목전체)을 제외한 공원까지의 접근성 평가점수비율을 1.2 항목의 점수에 적용, 이를 평가점수로 산정함

$$\text{장애인전용주차구역의 평가점수} = B \times \left(\frac{C}{A-B} \right)$$

A : 공원까지의 접근성 전체점수합계
B : 공원내 장애인전용주차구역부문 전체점수합계
C : 장애인전용주차구역을 제외한 공원까지의 접근성 부문평가점수

관련법 및 제출서류

• **관련법**

「장애인·노인·임산부 등의 편의증진 보장에 관한 법률」 시행령 별표2 제2호
「장애인·노인·임산부 등의 편의증진 보장에 관한 법률」 시행규칙 별표1 제4호 제12호

4. 장애인전용주차구역

가. 설치장소

(1) 건축물의 부설주차장과 영 별표 1 제2호하목(1)의 주차장의 경우 장애인전용주차구역은 장애인등의 출입이 가능한 건축물의 출입구 또는 장애인용 승강설비와 가장 가까운 장소에 설치하여야 한다.

(2) 장애인전용주차구역에서 건축물의 출입구 또는 장애인용 승강설비에 이르는 통로는 장애인이 통행할 수 있도록 높이차이를 없애고, 유효폭은 1.2미터 이상으로 하여 자동차가 다니는 길과 분리하여 설치하여야 한다.

(3) 통로와 자동차가 다니는 길이 교차하는 부분의 색상과 질감은 바닥재와 다르게 하여야 한다. 다만, 기존 건축물에 설치된 지하주차장의 경우 바닥재의 질감을 다르게 하기 불가능하거나 현저히 곤란한 경우에는 바닥재의 색상만을 다르게 할 수 있다.

12. 경사로

가. 유효폭 및 활동공간

(1) 경사로의 유효폭은 1.2미터 이상으로 하여야 한다. 다만, 건축물을 증축·개축·재축·이전·대수선 또는 용도변경하는 경우로서 1.2미터 이상의 유효폭을 확보하기 곤란한 때에는 0.9미터까지 완화할 수 있다.

(2) 바닥면으로부터 높이 0.75미터 이내마다 휴식을 할 수 있도록 수평면으로된 참을 설치하여야 한다.

(3) 경사로의 시작과 끝, 굴절부분 및 참에는 1.5미터×1.5미터 이상의 활동공간을 확보하여야 한다. 다만, 경사로가 직선인 경우에 참의 활동공간의 폭은 (1)에 따른 경사로의 유효폭과 같게 할 수 있다.

나. 기울기

(1) 경사로의 기울기는 12분의 1 이하로 하여야 한다.

(2) 다음의 요건을 모두 충족하는 경우에는 경사로의 기울기를 8분의 1까지 완화할 수 있다.

(가) 신축이 아닌 기존시설에 설치되는 경사로일 것

(나) 높이가 1미터 이하인 경사로로서 시설의 구조 등의 이유로 기울기를 12분의 1이하로 설치하기가 어려울 것

(다) 시설관리자 등으로부터 상시보조서비스가 제공될 것

다. 손잡이

(1) 경사로의 길이가 1.8미터 이상이거나 높이가 0.15미터 이상인 경우에는 양측면에 손잡이를 연속하여 설치하여야 한다.

(2) 손잡이를 설치하는 경우에는 경사로의 시작과 끝부분에 수평손잡이를 0.3미터 이상 연장하여 설치하여야 한다. 다만, 통행상 안전을 위하여 필요한 경우에는 수평손잡이를 0.3미터 이내로 설치할 수 있다.

(3) 손잡이에 관한 기타 세부기준은 제7호의 복도의 손잡이에 관한 규정을 적용한다.

라. 재질과 마감

(1) 경사로의 바닥표면은 잘 미끄러지지 아니하는 재질로 평탄하게 마감하여야 한다.

(2) 양측면에는 휠체어의 바퀴가 경사로 밖으로 미끄러져 나가지 아니하도록 5센티미터 이상의 추락방지턱 또는 측벽을 설치할 수 있다.

(3) 휠체어의 벽면충돌에 따른 충격을 완화하기 위하여 벽에 매트를 부착할 수 있다.

마. 기타 시설

건물과 연결된 경사로를 외부에 설치하는 경우 햇볕, 눈, 비 등을 가릴 수 있도록 지붕과 차양을 설치할 수 있다.

• **제출서류**

예비인증	– 1층 평면 및 배치도(주출입구까지의 보행안전 통로 계획) – 주차장 안내 및 유도 계획 – 주차면 설계 상세도 – 주차장에서 주출입구까지의 접근로 계획 ※ 위 제출서류 중 평가항목의 조건을 만족하는 서류제출
본인증	– 예비인증시와 동일

인증등급별 사례

최우수	· 외부주차장의 경우 지붕이 설치되거나, 실내주차장의 경우 승강설비와 가장 가까운 장소에서 수평접근이 가능
우수	· 경사로 없이 접근 가능

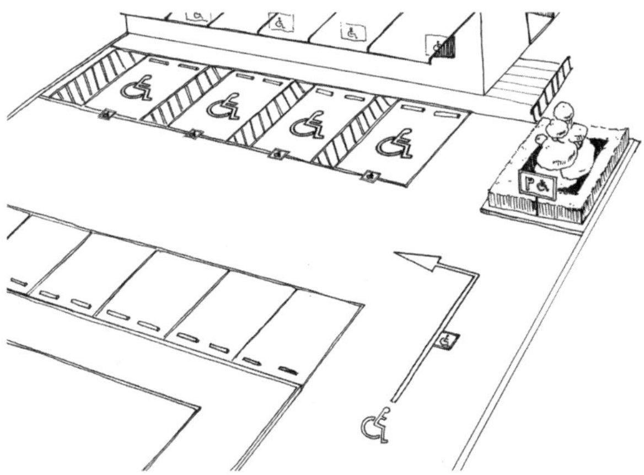

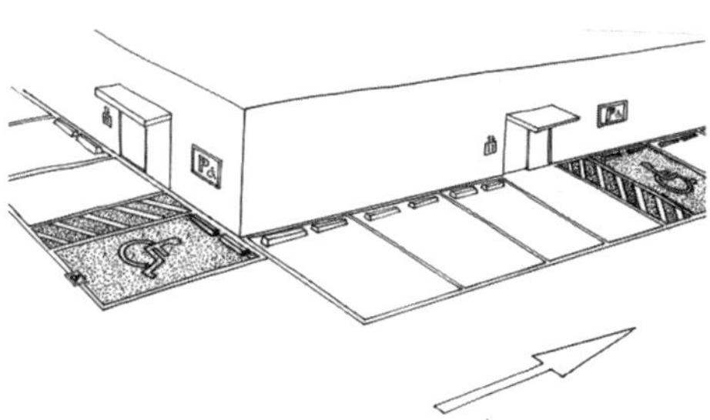

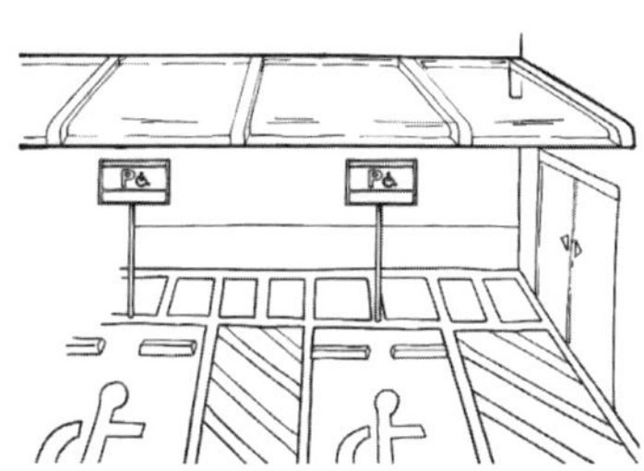

일반	· 경사로를 이용하여 접근 가능하며, 기울기가 1/12(8.33%/4.76°) 이하로 설치	

1.2.2 주차면수 확보

세부 평가기준

- **평가목적** : 장애인전용주차구역의 주차면수를 평가하여 적절한 장애인전용주차면수를 확보하도록 함
- **평가방법** : 장애인전용주차구역의 적정 주차면수 확보정도 평가
- **배　　점** : 1점 (평가항목)
- **산출기준 평점** : 장애인전용주차구역의 주차면수 평가등급에 해당하는 평가항목 점수로 평가

구분	주차면수 확보	점수
최우수	규정비율의 100%초과 확보	1.0
우수	규정비율의 100%확보(최소 1면 이상 의무 설치)	0.8

– 장애인전용주차구역의 주차면수 확보는 지방자치단체의 조례를 따름

– 불가피하게 대지 내에 주차장을 설치하지 못하여 인근 주차장을 이용하여야 하는 경우, 인근주차장 이용에 대한 정확한 안내 및 유도표시와 인근주차장에서 주출입구까지의 접근로의 정비가 이루어진 경우에 한하여, 그로 평가받을 수 있음

관련법 및 제출서류

- **관련법**

「장애인·노인·임산부 등의 편의증진보장에 관한 법률」 시행령 별표2 제2호

- **제출서류**

예비인증	– 1층 평면 및 배치도(주출입구까지의 보행안전 통로 계획) – 장애인주차구역 설치 계획 ※ 위 제출서류 중 평가항목의 조건을 만족하는 서류제출
본인증	– 예비인증시와 동일

1.2.3 주차면

세부 평가기준

- **평가목적** : 장애인전용주차구역의 주차면을 평가하여 적절한 장애인주차구역 면적을 확보하도록 함
- **평가방법** : 장애인전용주차구역의 주차면 크기 평가
- **배 점** : 1점 (평가항목)
- **산출기준 평점** : 장애인전용주차구역의 주차면 평가등급에 해당하는 평가항목 점수

구분	주차면 크기	점수
최우수	폭 3.5m, 길이 5.0m, 휠체어 활동공간 노면표시	1.0
우수	폭 3.3m, 길이 5.0m, 휠체어 활동공간 노면표시	0.8

- 장애인전용주차구역의 주차면은 휠체어 활동공간을 포함한 주차면의 치수로 평가함
- 불가피하게 대지 내에 주차장을 설치하지 못하여 인근 주차장을 이용하여야 하는 경우, 인근주차장 이용에 대한 정확한 안내 및 유도표시와 인근주차장에서 주출입구까지의 접근로의 정비가 이루어진 경우에 한하여, 그로 평가받을 수 있음

관련법 및 제출서류

- **관련법**

「장애인·노인·임산부 등의 편의증진 보장에 관한 법률」 시행령 별표2 제2호
「장애인·노인·임산부 등의 편의증진 보장에 관한 법률」 시행규칙 별표1 제4호

나. 주차공간

(1) 장애인전용주차구역의 크기는 주차대수 1대에 대하여 폭 3.3미터 이상, 길이 5미터 이상으로 하여야 한다. 다만, 평행주차형식인 경우에는 주차대수 1대에 대하여 폭 2미터 이상, 길이 6미터 이상으로 하여야 한다.
(2) 주차공간의 바닥면은 장애인 등의 승하차에 지장을 주는 높이차이가 없어야 하며, 기울기는 50분의 1 이하로 할 수 있다.
(3) 주차공간의 바닥표면은 미끄러지지 아니하는 재질로 평탄하게 마감하여야 한다.

• **제출서류**

예비인증	– 1층 평면 및 배치도(주출입구까지의 보행안전 통로 계획) – 주차장 안내 및 유도 계획 – 주차면 설계 상세도 ※ 위 제출서류 중 평가항목의 조건을 만족하는 서류제출
본인증	– 예비인증시와 동일

인증등급별 사례

최우수	· 폭 3.5m, 길이 5.0m, 휠체어 활동공간 노면표시	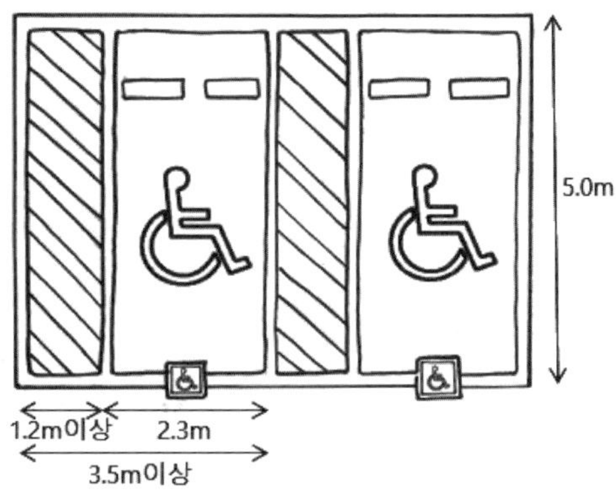
우수	· 폭 3.3m, 길이 5.0m, 휠체어 활동공간 노면표시	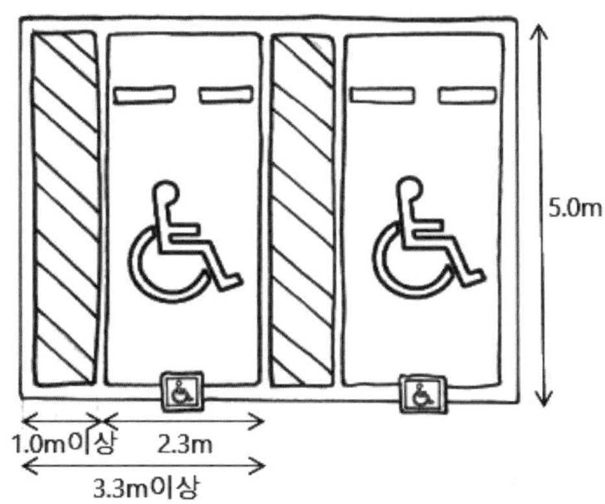

1.2.4 보행 안전통로

세부 평가기준

- **평가목적** : 장애인전용주차구역에서 주출입구까지의 접근로를 평가하여 장애인전용주차장에서 주출입구까지 안전한 접근이 가능하도록 안전보행통로를 확보하도록 함
- **평가방법** : 장애인전용주차구역에서 공원의 출입구 또는 산책로에 이르기까지 장애인안전통행로의 폭 및 연속성 정도 평가
- **배　　점** : 1점 (평가항목)
- **산출기준 평점** : 장애인전용주차구역의 보행안전통행로의 평가등급에 해당하는 평가항목 점수로 평가

구분	보행안전통로	점수
최우수	모든 구간에 안전보행통로(폭 1.8m이상)가 연속적으로 설치	1.0
우수	모든 구간에 안전보행통로(폭 1.5m이상)가 연속적으로 설치	0.8
일반	모든 구간에 안전보행통로(폭 1.2m이상)가 연속적으로 설치	0.7

- 장애인전용주차구역의 안전보행통로는 차량의 간섭이 전혀 없어야 하며, 보도 및 접근로의 기준(1.1항목)을 준수하여야 하며, 보도 및 접근로의 기준을 준수하지 아니할 경우 평가등급을 받을 수 없음
- 장애인전용주차구역의 안전보행통로는 주차면의 활동공간에서 단차 및 차량간섭 없이 연속되어야 하며, 단차(2cm이상) 또는 차량우선의 간섭이 있는 경우 평가등급을 받을 수 없음
- 불가피하게 대지 내에 주차장을 설치하지 못하여 인근 주차장을 이용하여야 하는 경우, 인근주차장 이용에 대한 정확한 안내 및 유도표시와 인근주차장에서 주출입구까지의 접근로의 정비가 이루어진 경우에 한하여, 그로 평가받을 수 있음

관련법 및 제출서류

- **관련법**

「장애인·노인·임산부 등의 편의증진 보장에 관한 법률」 시행령 별표2 제2호

「장애인·노인·임산부 등의 편의증진 보장에 관한 법률」 시행규칙 별표1 제4호

4. 장애인전용주차구역

가. 설치장소

(1) 건축물의 부설주차장과 영 별표 1 제2호하목(1)의 주차장의 경우 장애인전용주차구역은 장애인등의 출입이 가능한 건축물의 출입구 또는 장애인용 승강설비와 가장 가까운 장소에 설치하여야 한다.

(2) 장애인전용주차구역에서 건축물의 출입구 또는 장애인용 승강설비에 이르는 통로는 장애인이 통행할 수 있도록 높이차이를 없애고, 유효폭은 1.2미터 이상으로 하여 자동차가 다니는 길과 분리하여 설치하여야 한다.

(3) 통로와 자동차가 다니는 길이 교차하는 부분의 색상과 질감은 바닥재와 다르게 하여야 한다. 다만, 기존 건축물에 설치된 지하주차장의 경우 바닥재의 질감을 다르게 하기 불가능하거나 현저히 곤란한 경우에는 바닥재의 색상만을 다르게 할 수 있다.

• **제출서류**

구분	내용
예비인증	– 1층 평면 및 배치도(주출입구까지의 보행안전 통로 계획) – 주차장 안내 및 유도 계획 – 주차면 설계 상세도 ※ 위 제출서류 중 평가항목의 조건을 만족하는 서류제출
본인증	– 예비인증시와 동일

인증등급별 사례

1.2.5 안내 및 유도표시

세부 평가기준

- **평가목적** : 장애인전용주차구역의 안내 및 유도표시를 평가하여 장애인이 쉽게 장애인주차구역을 찾을 수 있도록 유도하고, 장애인이 쉽게 주차전용주차구역을 알아 볼 수 있도록 함
- **평가방법** : 주차장의 입구에 장애인전용주차구역 안내표지를 식별하기 쉬운 장소에 부착 또는 설치하고, 주차구역까지 적정 유도표시의 연속성 정도와 장애인전용주차구역의 바닥에 장애인전용주차장표시 및 입식안내표시의 적정 설치 정도 평가
- **배　　점** : 1점 (평가항목)
- **산출기준 평점** : 장애인전용주차구역의 안내 및 유도표시 평가등급에 해당하는 평가항목 점수

구분	안내 및 유도표시	점수
최우수	우수의 기준을 만족하며, 연속적인 유도표시 설치	1.0
우수	일반의 기준을 만족하며, 바닥 색상 등을 통한 식별성 확보	0.8
일반	주차장입구에서 장애인전용주차구역이 바로 보이며(별도표시 없음) 바닥 및 입식 안내표시 설치	0.7

- 일반주차구역과 장애인전용주차구역이 분리되어 있는 경우, 대지 입구부터의 장애인주차구역 유도표시 연속성 정도로 평가함
- 불가피하게 대지 내에 주차장을 설치하지 못하여 인근 주차장을 이용하여야 하는 경우, 인근주차장 이용에 대한 정확한 안내 및 유도표시와 인근주차장에서 주출입구까지의 접근로의 정비가 이루어진 경우에 한하여, 그로 평가받을 수 있음
- 입식 안내표시는 주차가능 차량, 과태료(주차방해 포함) 및 신고전화번호, 도움이 필요한 경우 해당 전화번호를 포함하여야 함
- 장애인전용표시의 규격은 가로 1.3m, 세로 1.5m이며, 주차구역선에 설치되는 장애인전용표시는 가로 50cm, 세로 58cm로 함

관련법 및 제출서류

• **관련법**

「장애인·노인·임산부 등의 편의증진 보장에 관한 법률」 시행령 별표2 제2호

「장애인·노인·임산부 등의 편의증진 보장에 관한 법률」 시행규칙 별표1 제4호

다. 유도 및 표시

(1) 장애인전용주차구역의 바닥면과 주차구역선에는 운전자가 식별하기 쉬운 색상으로 아래의 그림과 같이 장애인전용표시를 하여야 한다. 장애인전용표시의 규격은 다음과 같다.

(가) 바닥면에 설치되는 장애인전용표시: 가로 1.3미터, 세로 1.5미터

(나) 주차구역선에 설치되는 장애인전용표시: 가로 50센티미터, 세로 58센티미터

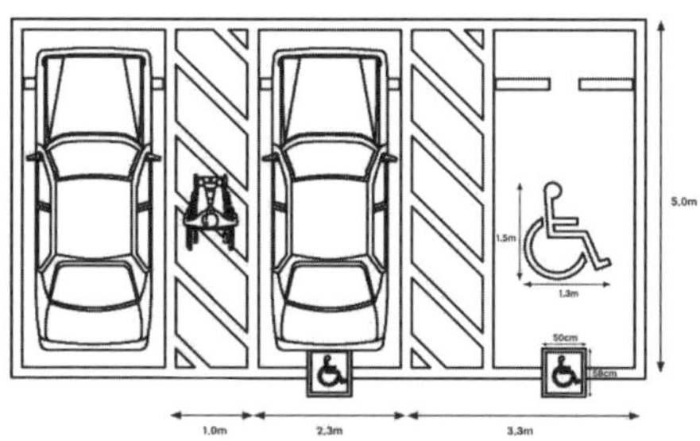

(2) 장애인전용주차구역 안내표지를 주차장 안의 식별하기 쉬운 장소에 부착하거나 설치하여야 한다. 이 경우 안내표지의 규격과 안내표지에 기재될 내용은 다음과 같다.

(가) 장애인전용주차구역 안내표지의 규격은 가로 0.7미터, 세로 0.6미터로 하고, 지면에서 표지판까지의 높이는 1.5미터로 한다.

(나) 안내표지에 기재될 내용은 다음과 같다.

장애인전용주차구역 도움이 필요한 경우: (지역번호)○○○ – ○○○○

○ 장애인전용주차구역 주차표지가 붙어있는 자동차로서 보행에 장애가 있는 사람이 타고 있는 자동차만 주차할 수 있습니다. 이를 위반한 사람에 대해서는 10만원의 과태료를 부과합니다.

○ 장애인전용주차구역에 물건을 쌓거나 그 통행로를 가로막는 등 주차를 방해하는 행위를 한 사람에 대해서는 50만원의 과태료를 부과합니다.

○ 위반사항을 발견하신 분은 신고전화번호(지역번호)○○○ – ○○○○로 신고하여 주시기 바랍니다.

• **제출서류**

예비인증	– 1층 평면 및 배치도(주출입구까지의 보행안전 통로 계획) – 주차장 안내 및 유도 계획 – 주차면 설계 상세도 ※ 위 제출서류 중 평가항목의 조건을 만족하는 서류제출
본인증	– 예비인증시와 동일

인증등급별 사례

주차장입구에서 장애인전용주차구역이 바로 보이며 바닥 및 입식 안내표시 설치

바닥 색상 등을 통한 식별성 확보 및 연속적인 유도표시 설치

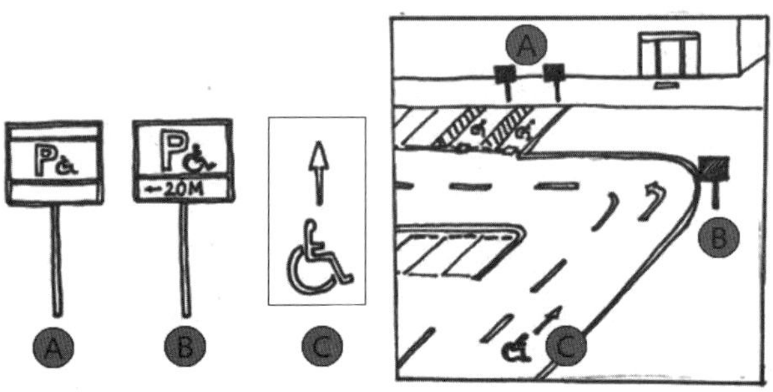

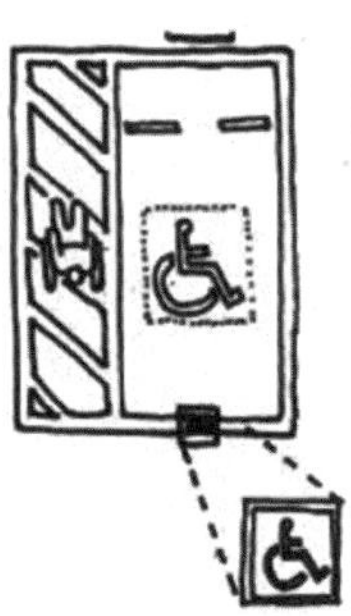

1.3 출입구

1.3.1 진출입 통제 계획

세부 평가기준

- **평가목적** : 자전거 및 오토바이 등의 진출입을 통제하도록 하여 휠체어사용자 및 보행자가 안전하게 진출입할 수 있도록 함
- **평가방법** : 공원 출입구에서 자전거 및 오토바이 등의 진출입 통제 계획 및 휠체어사용자의 진입을 가능하게 하는 장치 등의 설치 여부 평가
- **배　　점** : 5점 (평가항목)
- **산출기준 평점** : 공원 출입구의 자전거 및 오토바이 등의 통제 계획 및 휠체어 진출입 계획 평가 등급에 해당하는 점수

구분	자전거 및 오토바이 등의 진출입 통제 계획	점수
최우수	자전거 및 오토바이의 속도 저감 효과를 가져올 수 있도록 1.5m이상의 유효폭으로 지그재그, 반원, 곡선 형태 등으로 출입구 계획	5.0
우수	0.75m정도의 간격으로 차량 진입억제 말뚝 설치하여 자전거 및 오토바이의 속도저감 효과를 가져오며 일부분의 경우 휠체어 통과가 가능하도록 출입구 계획	4.0

- 차량 진입억제 말뚝의 경우 높이 0.8~1.0m, 지름 0.1m~0.2m이내로 설치되어야함
- 밝은 색의 반사도료 띠 등을 사용하여 쉽게 식별할 수 있도록 설치해야 함
- 재질의 경우 보행자 등의 충격을 흡수할 수 있는 재료를 사용해야 함(이 규정대로 설치하지 않은 채 무릎정도의 높이의 어두운 색의 볼라드 등으로 설치할 경우 등급 미부여)
- 차량 진입억제 말뚝을 0.75m정도의 간격으로 설치하는 것은 자전거 등의 속도 저감 효과를 내기 위함이며, 아울러 휠체어의 통과를 위해 출입구 일부는 휠체어만 통과할 수 있는 시설계획이 필요함
- 출입구에서 자전거 및 오토바이 등의 진출입 동선이 휠체어사용자 및 보행자 동선과 분리될 경우 최우수로 평가함

• **제출서류**

예비인증	– 출입구 평면도 – 출입구 단면도 – 출입구 상세도 – 바닥 마감 계획 상세도 ※ 위 제출서류 중 평가항목의 조건을 만족하는 서류제출
본인증	– 예비인증시와 동일

인증등급별 사례

최우수	· 보행자와 차량동선을 완전히 분리하여 차량과의 간섭에 의한 위험이 전혀없는 경우 · 자전거 및 오토바이의 속도 저감 효과를 가져올 수 있도록 1.5m이상의 유효폭으로 지그재그, 반원, 곡선 형태 등으로 출입구 계획	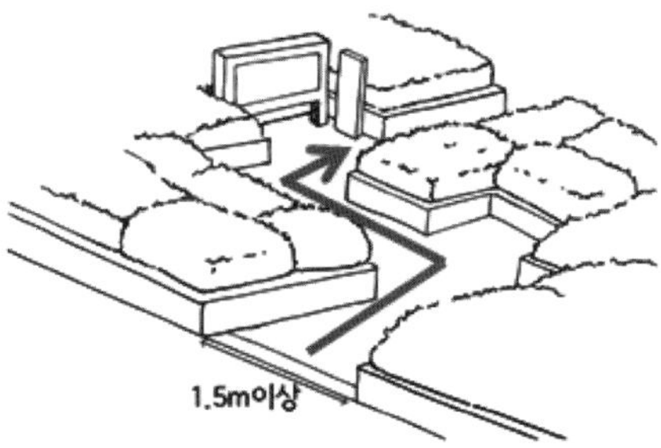
우수	· 0.75m정도의 간격으로 차량 진입억제 말뚝 설치하여 자전거 및 오토바이의 속도저감 효과를 가져오며 일부분의 경우 휠체어 통과가 가능하도록 출입구 계획	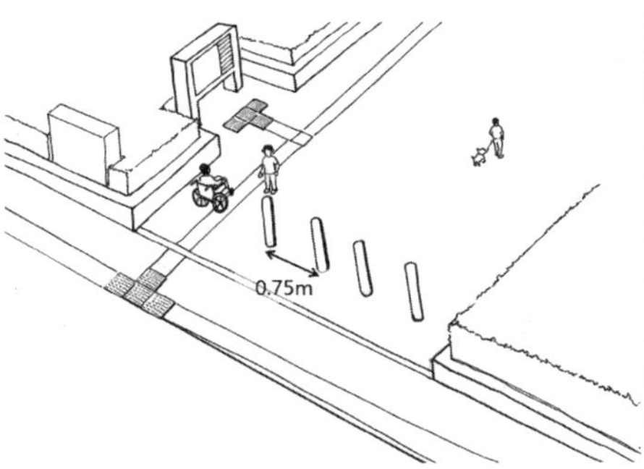

1.3.2 공원입구와 보도와의 경계

세부 평가기준

- **평가목적** : 출입구의 높이 차이를 평가하여 장애인 등 다양한 이용자가 안전하고 편리하게 진입이 가능하도록 함
- **평가방법** : 공원의 출입구와 보행로의 경계에서 보행자가 안전하고 편리하게 진입가능한지 여부평가
- **배　　점** : 1점 (평가항목)
- **산출기준 평점** : 출입구 높이차이 및 경사로의 평가등급에 해당하는 평가항목 점수로 평가
- **세부항목** : 보도와 공원 출입구의 단차

구분	보도와 출입구경계의 단차	점수
최우수	단차 없이 수평접근	0.5
우수	0.75m이하 단차(경사로설치)	0.4
일반	0.75m이상 단차(경사로설치)	0.35

- **세부항목** : 출입구 경사로 기울기

구분	출입구 경사로 기울기	점수
최우수	단차 없이 수평접근	0.5
우수	기울기 1/18(5.56%/3.18°)이하	0.4
일반	기울기 1/12(8.33%/4.76°)이하	0.35

– 단, 공원의 진출입을 위해 승강기가 설치되어 이를 이용하여 진출입이 가능하면 우수로 평가

관련법 및 제출서류

- **관련법**

「장애인·노인·임산부 등의 편의증진 보장에 관한 법률」 시행령 별표2 제2호

「장애인·노인·임산부 등의 편의증진 보장에 관한 법률」 시행규칙 별표1 제5호

5. 높이차이가 제거된 건축물 출입구

가. 턱낮추기

건축물의 주출입구와 통로의 높이차이는 2센티미터 이하가 되도록 설치하여야 한다.

• **제출서류**

예비인증	– 출입구 평면도 – 출입구 단면도 – 출입구 상세도 – 바닥 마감 계획 상세도 ※ 위 제출서류 중 평가항목의 조건을 만족하는 서류제출
본인증	– 예비인증시와 동일

인증등급별 사례

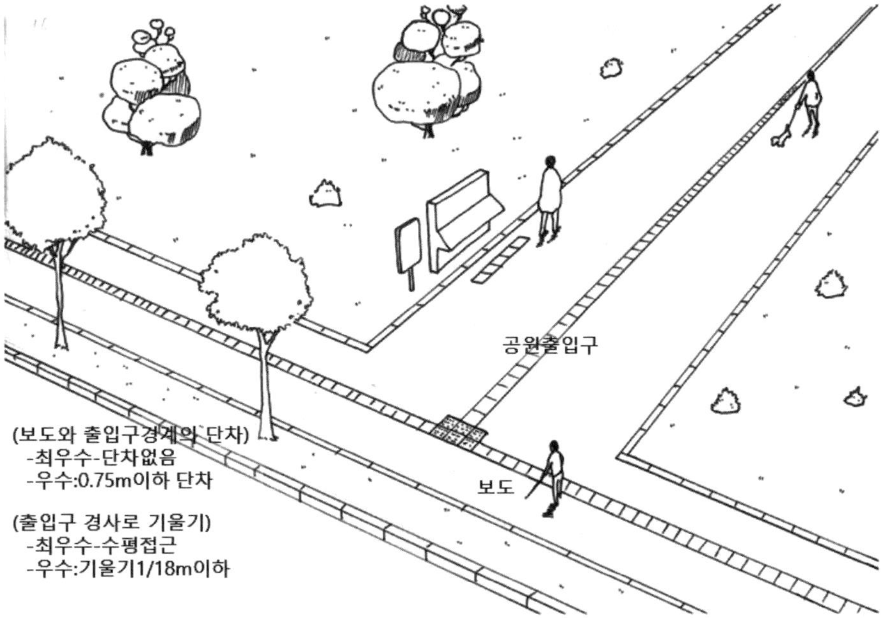

최우수	· 단차없이 수평접근	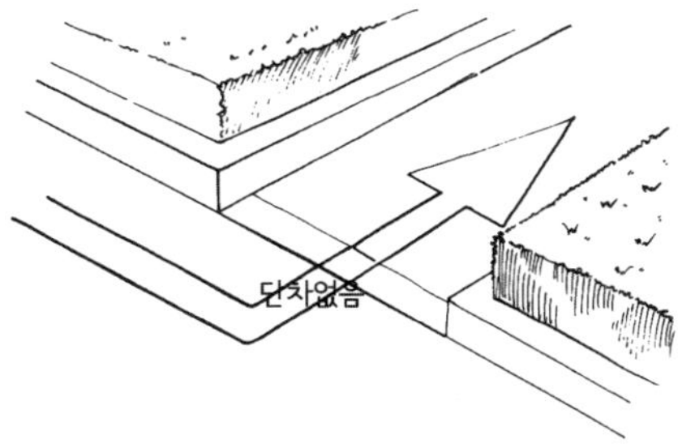
우수	· 0.75m이하 단차 (경사로설치), · 기울기 1/18(5.56%/3.18°)이하	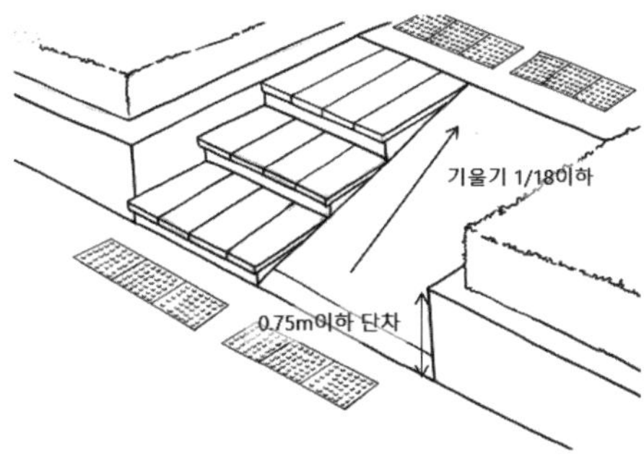
일반	· 0.75m이상 단차 (경사로설치) · 기울기 1/12(8.33%/4.76°)이하	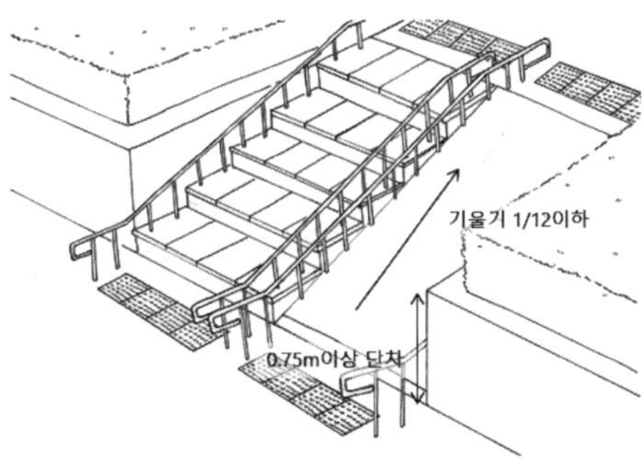

02
유도 및 안내시설

2.1 안내설비 • 70

2.1.1 안내판 설치 • 70

2.1.2 안내판의 정보 • 73

2.1.3 통합안내설비 • 75

2.1.4 경고시설 • 80

2.1 안내설비

2.1.1 안내판 설치

세부 평가기준

- **평가목적** : 촉지도식 안내판을 평가하여 시각장애인에게 공원 내의 위치 및 시설의 기능에 대한 적절한 정보를 제공하는 안내판을 설치하도록 함
- **평가방법** : 해당시설의 주요시설 위치 등에 대한 장애인 등이 쉽게 이용 가능한 안내판 설치 여부 평가
- **배 점** : 2점 (평가항목)
- **산출기준 평점** : 촉지도식 안내판의 평가등급에 해당하는 평가항목 점수로 평가

구분	안내판 설치	점수
최우수	장애인 등이 쉽게 이용가능한 안내판에 촉지도식 안내판과 음성 안내장치를 함께 설치	2.0
우수	장애인 등이 쉽게 이용가능한 안내판에 촉지도식 안내판을 함께 설치	1.6
일반	장애인 등이 쉽게 이용가능한 안내판 설치	1.4

- 장애인 등이 쉽게 이용가능한 안내판은 읽기 좋은 글자체(고딕체 또는 이와 유사한 글자체)로, 글자크기는 최소 1.5cm이상으로 하고, 바탕과 명확히 대조되는 색상을 이용한 양각 글자체를 사용, 바닥면으로부터 1.0m~1.2m 범위 안에 설치하고, 야간에도 식별할 수 있도록 조명을 설치하여야 함

관련법 및 제출서류

- **관련법**

「장애인·노인·임산부 등의 편의증진 보장에 관한 법률」 시행령 별표2 제2호

「장애인·노인·임산부 등의 편의증진 보장에 관한 법률」 시행규칙 별표1 제17호

17. 시각장애인 유도·안내설비

가. 점자안내판 또는 촉지도식 안내판

(1) 점자안내판 또는 촉지도식 안내판에는 주요시설 또는 방의 배치를 점자, 양각면 또는 선으로 간략하게 표시하여야 한다.

(2) 일반안내도가 설치되어 있는 경우에는 점자를 병기하여 점자안내판에 갈음할 수 있다.

(3) 점자안내판 또는 촉지도식 안내판은 점자안내표시 또는 촉지도의 중심선이 바닥면으로부터 1.0미터 내지 1.2미터의 범위안에 있도록 설치하여야 한다. 다만, 점자안내판 또는 촉지도식 안내판을 수직으로 설치하거나 점자안내표시 또는 촉지도의 내용이 많아 1.0미터 내지 1.2미터의 범위 안에 설치하는 것이 곤란한 경우에는 점자안내표시 또는 촉지도의 중심선이 1.0미터 내지 1.5미터의 범위에 있도록 설치할 수 있다.

나. 음성안내장치

시각장애인용 음성안내장치는 주요시설 또는 방의 배치를 음성으로 안내하여야 한다.

다. 기타 유도신호장치

시각장애인용 유도신호장치는 음향·시각·음색 등을 고려하여 설치하여야 하고, 특수신호장치를 소지한 시각장애인이 접근할 경우 대상시설의 이름을 안내하는 전자식 신호장치를 설치할 수 있다.

• **제출서류**

구분	내용
예비인증	– 배치도(안내판 위치 및 시각장애인 음성안내시설 표기) – 촉지도식 안내판 상세도 ※ 위 제출서류 중 평가항목의 조건을 만족하는 서류제출
본인증	– 예비인증시와 동일

인증등급별 사례

등급	내용	사례
최우수	· 장애인 등이 쉽게 이용가능한 안내판에 촉지도식 안내판과 음성 안내장치를 함께 설치	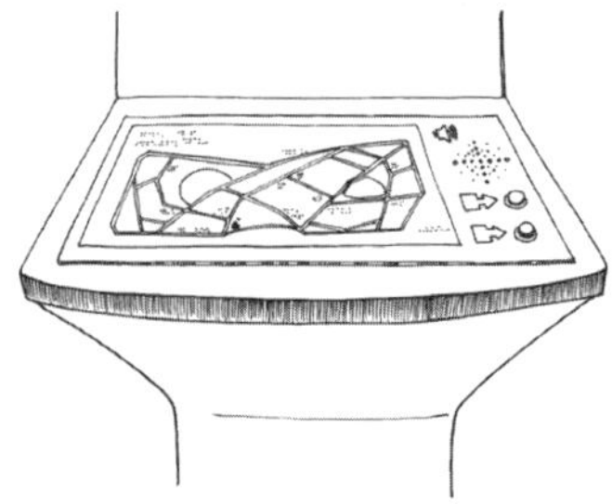
우수	· 장애인 등이 쉽게 이용가능한 안내판에 촉지도식 안내판을 함께 설치	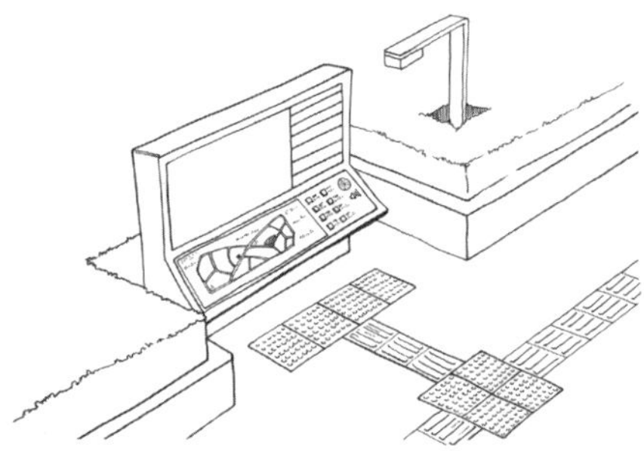
일반	· 장애인 등이 쉽게 이용가능한 안내판 설치	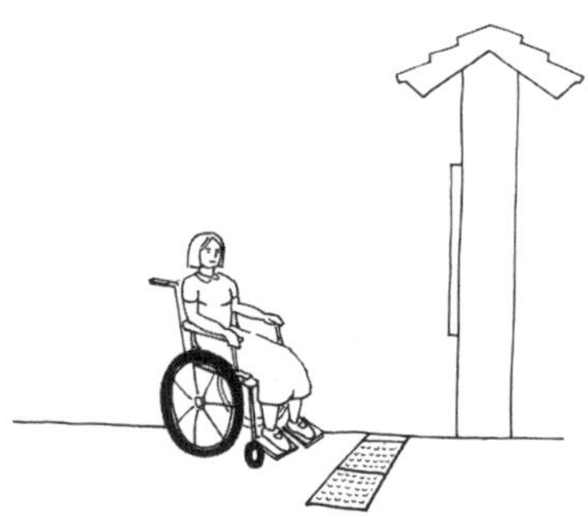

2.1.2 안내판의 정보

세부 평가기준

- **평가목적** : 안내판에 휠체어 장애인 등이 다닐 수 있는 시설 정보 혹은 BF산책로에 대한 위치 등에 대한 정보를 제공하여 안내판 정보의 질적인 부분을 평가함
- **평가방법** : 안내판에 장애인 등이 이용할 수 있는 시설 혹은 BF산책로의 정보 제공 유무 및 비장애인뿐만 아니라 시각·청각 장애인 등도 쉽게 인지할 수 있는지에 대해 평가
- **배　　점** : 2점 (평가항목)
- **산출기준 평점** : 촉지도식 안내판의 평가등급에 해당하는 평가항목 점수로 평가

구분	안내판의 정보	점수
최우수	우수의 조건을 만족하며 경사진 산책로의 경우 경사 정도를 표시	2.0
우수	일반의 조건을 만족하며 이용 가능한 산책로를 표시	1.6
일반	장애인 등이 이용 가능한 시설에 대한 정보제공	1.4

– 공원 내 산책로 중 BF산책로가 지정되어있을 경우 이에 대한 위치정보를 포함하고 있어야 하며, 시각적으로 인지가 쉬워야 할뿐만 아니라 시각장애인 등을 배려하여 촉지도식 혹은 점자 안내 및 음성안내가 함께 제공되는 통합 안내판을 설치하여야 함

– 안내판에는 기본적으로 장애인 등이 이용 가능한 화장실, 주차장, 시설물 등에 대한 정보를 갖고 있어야 하며, 이에 대한 표시가 없을시 등급을 얻지 못함

- **제출서류**

구분	제출서류
예비인증	– 배치도(안내판 위치 및 시각장애인 음성안내시설 표기) – 안내판 내용 – 안내판 시설 상세도 ※ 위 제출서류 중 평가항목의 조건을 만족하는 서류제출
본인증	– 예비인증시와 동일

인증등급별 사례

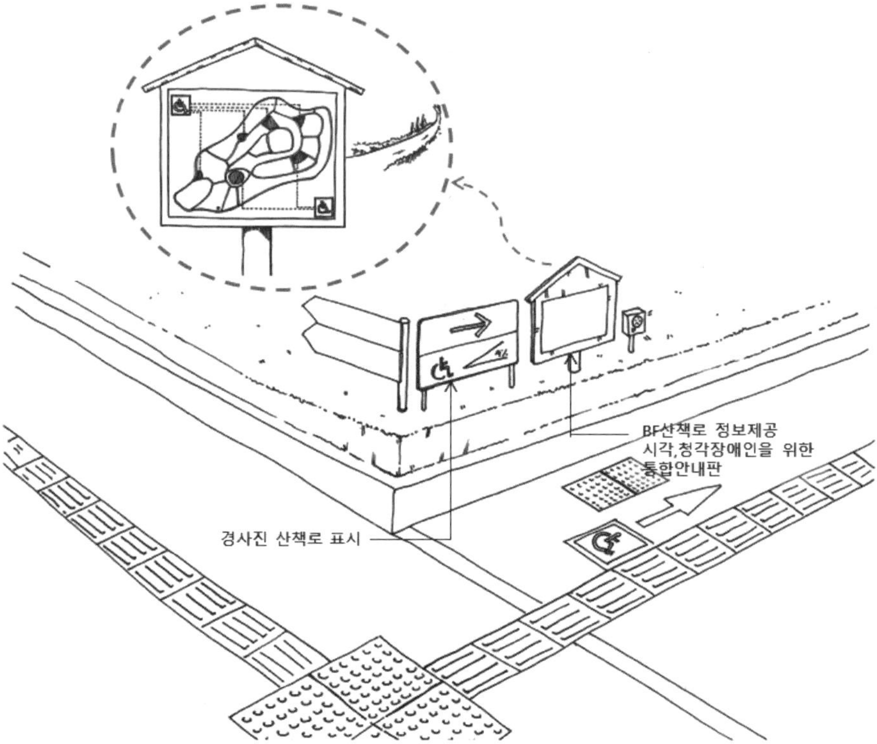

2.1.3 통합안내설비

세부 평가기준

- **평가목적** : 안내설비는 비장애인뿐만 아니라 시각·청각 장애인에게도 정확한 정보를 제공해야 한다
- **평가방법** : 해당시설의 주요시설 위치 등에 대한 음성안내 장치의 설치 여부 및 주출입구부터 주요시설까지 시각장애인용 유도용시설(점자블록 등)의 연속적인 설치 정도 와 적절성 평가
- **배　　점** : 2점 (평가항목)
- **산출기준 평점** : 각 평가등급에 해당하는 평가항목 점수로 평가
- **세부항목** : 음성안내 장치 및 연속된 유도용 시설(점자블록 등) 설치

구분	음성안내 장치 및 연속된 점자블록 설치	점수
최우수	우수의 조건을 만족하며, 대지경계선에 접근시 시각장애인이 소지한 리모콘에 의해 작동되는 음성안내장치 설치	1.0
우수	재질과 마감을 달리하고, 색 대비를 통해 점자블록의 기능을 확보	0.8
일반	점자블록을 연속 설치	0.7

- **세부항목** : 청각장애인 안내설비

구분	청각장애인 안내설비	점수
최우수	우수의 조건을 만족하며, 그림을 병용하여 표시	1.0
우수	일반의 조건을 만족하며, 외국어를 병용하여 표시	0.8
일반	안내표시를 읽기 좋은 글자체(고딕체 또는 이와 유사한 글자체)를 사용하였으며, 주변과 명확히 대조되는 색상을 이용하여 문자 표시	0.7

관련법 및 제출서류

- **관련법**

「장애인·노인·임산부 등의 편의증진 보장에 관한 법률」 시행령 별표2 제2호

「장애인·노인·임산부 등의 편의증진 보장에 관한 법률」 시행규칙 별표1 제16호, 제17호

16. 점자블록

가. 규격 및 색상

(1) 시각장애인의 보행편의를 위하여 점자블록은 아래의 그림과 같은 감지용점형블록과 유도용 선형블록을 사용하여야 한다.

(2) 점자블록의 크기는 0.3미터×0.3미터인 것을 표준형으로 하며, 그 높이는 바닥재의 높이와 동일하게 하여야 한다.

(3) 점형블록은 블록당 36개의 돌출점을 가진 것을 표준형으로 한다.

(4) 점형블록의 돌출점은 반구형·원뿔절단형 또는 이 두가지의 혼합배열형으로 하며, 돌출점의 높이는 0.6±0.1센티미터로 하여야 한다.

(5) 선형블록은 블록당 4개의 돌출선을 가진 것을 표준형으로 한다.

(6) 선형블록의 돌출선은 상단부평면형으로 하며, 돌출선의 높이는 0.5±0.1센티미터로 하여야 한다.

(7) 점자블록의 색상은 원칙적으로 황색으로 사용하되, 바닥재의 색상과 비슷하여 구별하기 어려운 경우에는 다른 색상으로 할 수 있다.

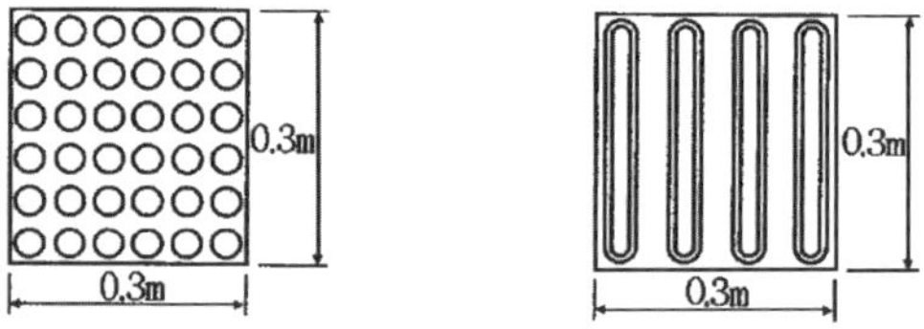

점형블록 선형블록

(8) 실외에 설치하는 점자블록의 경우 햇빛이나 불빛 등에 반사되거나 눈, 비 등에 미끄러지기 쉬운 재질을 사용하여서는 아니 된다.

나. 설치방법

(1) 점형블록은 계단·장애인용 승강기·화장실·승강장 등 시각장애인을 유도할 필요가 있거나 시각장애인에게 위험한 장소의 0.3미터 전면, 선형블록이 시작·교차·굴절되는 지점에 이를 설치하여야 한다.

(2) 선형블록은 대상시설의 주출입구와 연결된 접근로에서 시각장애인을 유도하는 용도로 사용하며, 유도방향에 따라 평행하게 연속해서 설치하여야 한다.

(3) 점자블록은 매립식으로 설치하여야 한다. 다만, 건축물의 구조 또는 바닥재의 재질 등을 고려해볼 때 매립식으로 설치하는 것이 불가능하거나 현저히 곤란한 경우에는 부착식으로 설치할 수 있다.

17. 시각장애인 유도·안내설비

가. 점자안내판 또는 촉지도식 안내판

(1) 점자안내판 또는 촉지도식 안내판에는 주요시설 또는 방의 배치를 점자, 양각면 또는 선으로 간략하게 표시하여야 한다.

(2) 일반안내도가 설치되어 있는 경우에는 점자를 병기하여 점자안내판에 갈음할 수 있다.

(3) 점자안내판 또는 촉지도식 안내판은 점자안내표시 또는 촉지도의 중심선이 바닥면으로부터 1.0미터 내지 1.2미터의 범위안에 있도록 설치하여야 한다. 다만, 점자안내판 또는 촉지도식 안내판을 수직으로 설치하거나 점자안내표시 또는 촉지도의 내용이 많아 1.0미터 내지 1.2미터의 범위 안에 설치하는 것이 곤란한 경우에는 점자안내표시 또는 촉지도의 중심선이 1.0미터 내지 1.5미터의 범위에 있도록 설치할 수 있다.

나. 음성안내장치

시각장애인용 음성안내장치는 주요시설 또는 방의 배치를 음성으로 안내하여야 한다.

다. 기타 유도신호장치

시각장애인용 유도신호장치는 음향·시각·음색 등을 고려하여 설치하여야 하고, 특수신호장치를 소지한 시각장애인이 접근할 경우 대상시설의 이름을 안내하는 전자식 신호장치를 설치할 수 있다.

• **제출서류**

예비인증	– 배치도(안내판 위치 및 시각장애인 음성안내시설 표기) ※ 위 제출서류 중 평가항목의 조건을 만족하는 서류제출
본인증	– 예비인증시와 동일

인증등급별 사례

[음성안내 장치 및 연속된 점자블록 설치]

최우수

우수의 조건을 만족하며
대지경계선에 접근시 시각장애인이
소지한 리모콘에 의해 작동되는
음성안내장치 설치

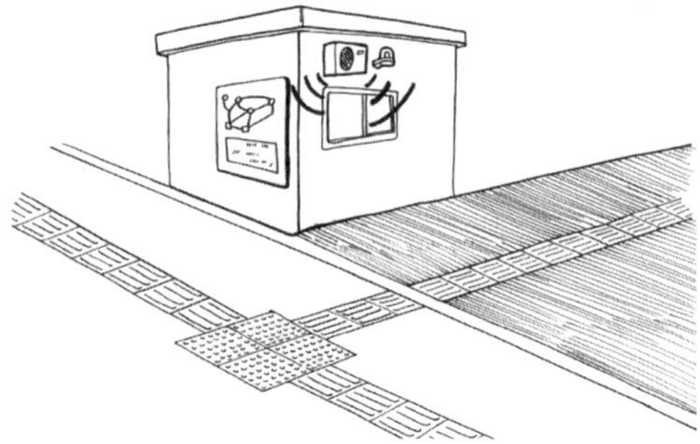

우수

재질과 마감을 달리하고 색 대비를
통해 점자블록의 기능을 확보

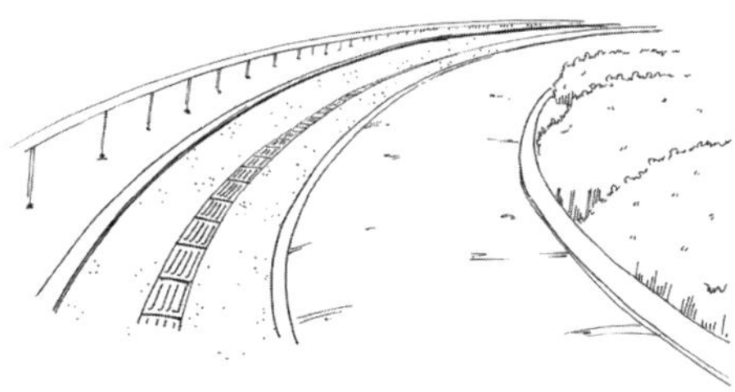

일반

점자블록을 연속 설치

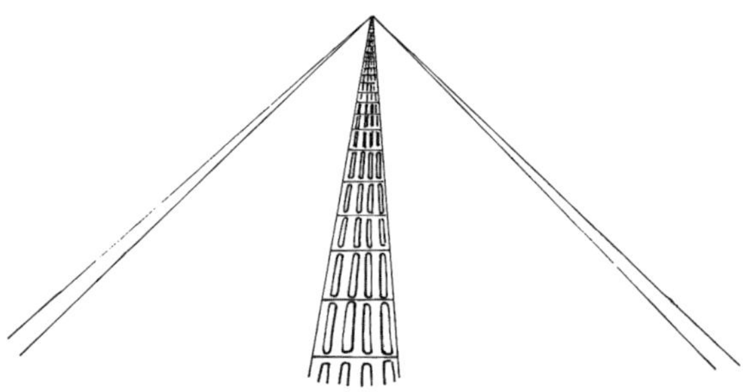

[청각장애인 안내설비]

<table>
<tr><td>최우수</td><td>· 우수의 조건을 만족하며, 그림을 병용하여 표시</td><td>
</td></tr>
<tr><td>우수</td><td>· 일반의 조건을 만족하며 외국어를 병용하여 표시</td><td>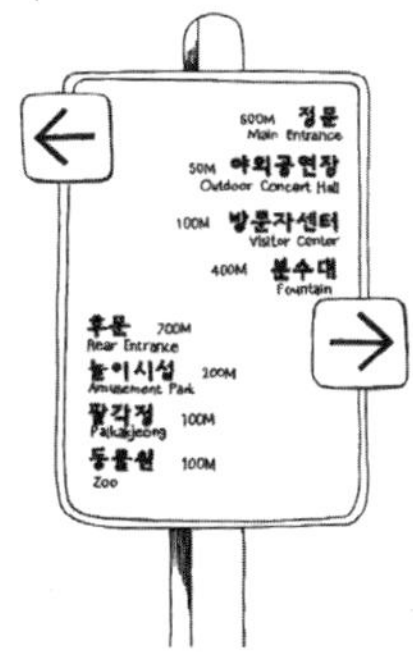
</td></tr>
<tr><td>일반</td><td>· 안내표시를 읽기 좋은 글자체(고딕체 또는 이와 유사한 글자체)를 사용하였으며, 주변과 명확히 대조되는 색상을 이용하여 문자 표시</td><td>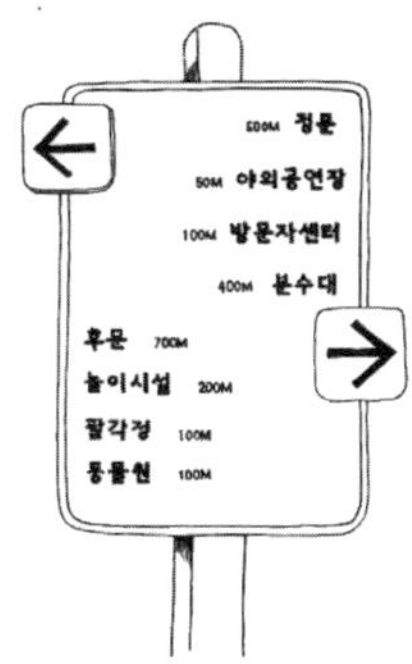
</td></tr>
</table>

2.1.4 경고시설

세부 평가기준

- **평가목적** : 위험지역에 대한 경고시설을 설치함으로써 장애인 등이 공원 내에서 안전하게 시설을 이용할 수 있어야 함
- **평가방법** : 위험지역에 적절한 경고시설을 설치
- **배 점** : 1점 (평가항목)
- **산출기준 평점** : 경고시설의 평가등급에 해당하는 평가항목 점수로 평가

구분	경고시설	점수
최우수	주요 위험지역에 색상, 질감적으로 다른 마감재를 이용하여 점자블록의 기능을 확보하여 경고시설 설치	1.0
우수	주요 위험지역에 규정에 적합한 점자블록을 이용하여 주의경고시설 설치	0.8

– 주변과 조화된 환경을 만들어 모두가 함께 공원을 이용한다는 관점에서 점형블록의 사용보다는 질감적, 색상적으로 명확히 구분되는 마감재 사용

관련법 및 제출서류

- **관련법**

「장애인·노인·임산부 등의 편의증진 보장에 관한 법률」 시행규칙 별표1 제16호

16. 점자블록

가. 규격 및 색상

(1) 시각장애인의 보행편의를 위하여 점자블록은 아래의 그림과 같은 감지용점형블록과 유도용 선형블록을 사용하여야 한다.

(2) 점자블록의 크기는 0.3미터×0.3미터인 것을 표준형으로 하며, 그 높이는 바닥재의 높이와 동일하게 하여야 한다.

(3) 점형블록은 블록당 36개의 돌출점을 가진 것을 표준형으로 한다.

(4) 점형블록의 돌출점은 반구형·원뿔절단형 또는 이 두가지의 혼합배열형으로 하며, 돌출점의 높이는 0.6±0.1센티미터로 하여야 한다.

(5) 선형블록은 블록당 4개의 돌출선을 가진 것을 표준형으로 한다.

(6) 선형블록의 돌출선은 상단부평면형으로 하며, 돌출선의 높이는 0.5±0.1센티미터로 하여야 한다.

(7) 점자블록의 색상은 원칙적으로 황색으로 사용하되, 바닥재의 색상과 비슷하여 구별하기 어려운 경우에는 다른 색상으로 할 수 있다.

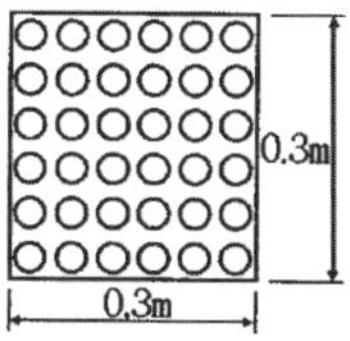

점형블록

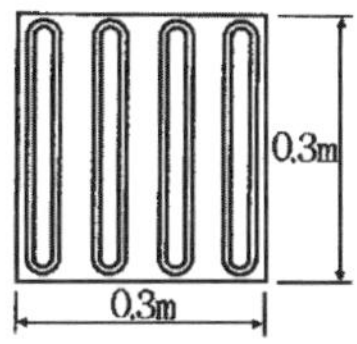

선형블록

(8) 실외에 설치하는 점자블록의 경우 햇빛이나 불빛 등에 반사되거나 눈, 비 등에 미끄러지기 쉬운 재질을 사용하여서는 아니 된다.

나. 설치방법

(1) 점형블록은 계단·장애인용 승강기·화장실·승강장 등 시각장애인을 유도할 필요가 있거나 시각장애인에게 위험한 장소의 0.3미터 전면, 선형블록이 시작·교차·굴절되는 지점에 이를 설치하여야 한다.

(2) 선형블록은 대상시설의 주출입구와 연결된 접근로에서 시각장애인을 유도하는 용도로 사용하며, 유도방향에 따라 평행하게 연속해서 설치하여야 한다.

(3) 점자블록은 매립식으로 설치하여야 한다. 다만, 건축물의 구조 또는 바닥재의 재질 등을 고려해볼 때 매립식으로 설치하는 것이 불가능하거나 현저히 곤란한 경우에는 부착식으로 설치할 수 있다.

• **제출서류**

구분	제출서류
예비인증	– 배치도(안내판 위치 및 시각장애인 음성안내시설 표기) – 바닥 마감 계획 상세도 ※ 위 제출서류 중 평가항목의 조건을 만족하는 서류제출
본인증	– 예비인증시와 동일

인증등급별 사례

최우수

주요 위험지역에 색상, 질감적으로 다른 마감재를 이용하여 점자블록의 기능을 확보하여 경고시설 설치

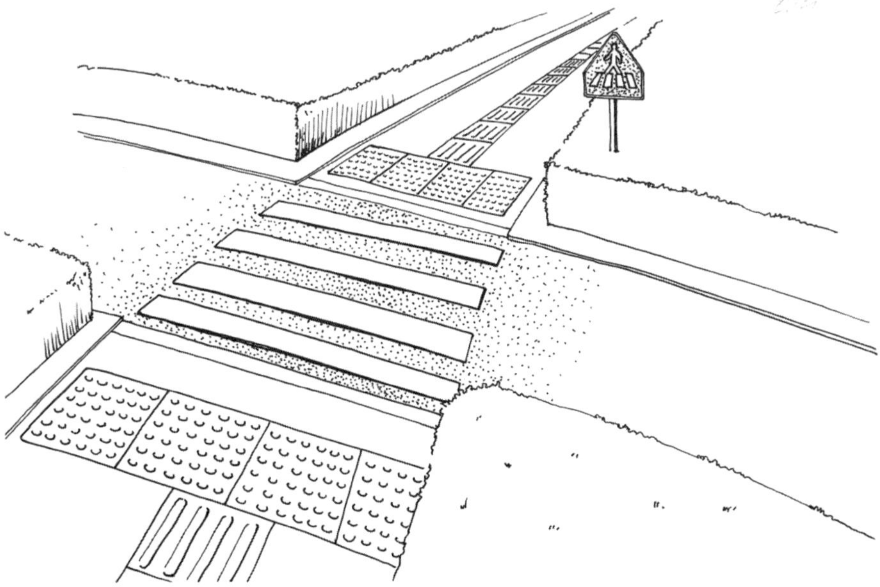

03
위생시설

3.1 장애인 등이 이용 가능한 화장실 • *84*

3.1.1 장애유형별 대응 방법 • *84*

3.1.2 안내 표지판 • *87*

3.2 화장실 접근 • *90*

3.2.1 유효폭 및 단차 • *90*

3.2.2 바닥 마감 • *93*

3.2.3 출입구(문) • *95*

3.3 대변기 • *97*

3.3.1 칸막이 출입문 • *97*

3.3.2 활동공간 • *103*

3.3.3 형태 • *105*

3.3.4 손잡이 • *107*

3.3.5 기타설비 • *110*

3.4 소변기 • *113*

3.4.1 형태 및 손잡이 • *113*

3.5 세면대 • *115*

3.5.1 형태 • *115*

3.5.2 거울 • *118*

3.5.3 수도꼭지 • *120*

3.1 장애인 등이 이용 가능한 화장실

3.1.1 장애유형별 대응 방법

세부 평가기준

- **평가목적** : 장애인 등이 이용 가능한 화장실의 다양한 장애유형에 대한 대응 방법을 평가하여 장애인 등 모든 사용자가 다양한 상황에 대응할 수 있는 다목적 화장실을 설치하도록 함
- **평가방법** : 평면구성의 장애유형별 대응 방법 여부
- **배 점** : 5점 (평가항목)
- **산출기준 평점** : 장애인 등이 이용 가능한 화장실의 평가등급에 해당하는 평가항목 점수로 평가

구분	장애유형별 대응 방법	점수
최우수	일반의 조건을 만족하는 화장실의 50%이상이 다목적 화장실	5.0
우수	일반의 조건을 만족하며 최소1개 이상의 다목적 화장실설치	4.0
일반	최소 1개 이상 장애인 등이 이용 가능한 화장실 설치(장애인 대변기는 남자용 및 여자용 각1개 이상 설치)공원 내 2개소 이상 화장실이 있는 경우 전체 개수의 50%이상 적용	3.5

– 다목적 화장실이라함은 남녀 구분 없이 설치하여 장애인뿐만 아니라 가족 혹은 보호자와 함께 사용가능한 화장실을 말함

관련법 및 제출서류

- **관련법**

「장애인·노인·임산부 등의 편의증진 보장에 관한 법률」 시행령 별표2 제2호

「장애인·노인·임산부 등의 편의증진 보장에 관한 법률」 시행규칙 별표1 제13호

「도시공원 및 녹지 등에 관한 법률」 시행규칙 별표 3

13. 장애인등의 이용이 가능한 화장실

가. 일반사항

(1) 설치장소

(가) 장애인등의 이용이 가능한 화장실은 장애인등의 접근이 가능한 통로에 연결하여 설치하여야 한다.

(나) 장애인용 변기와 세면대는 출입구(문)와 가까운 위치에 설치하여야 한다.

(2) 재질과 마감

(가) 화장실의 바닥면에는 높이차이를 두어서는 아니되며, 바닥표면은 물에 젖어도 미끄러지지 아니하는 재질로 마감하여야 한다.

(나) 화장실(장애인용 변기·세면대가 설치된 화장실이 일반 화장실과 별도로 설치된 경우에는 일반 화장실을 말한다)의 0.3미터 전면에는 점형블록을 설치하거나 시각장애인이 감지할 수 있도록 바닥재의 질감 등을 달리하여야 한다.

(3) 기타 설비

(가) 화장실(장애인용 변기·세면대가 설치된 화장실이 일반 화장실과 별도로 설치된 경우에는 일반 화장실을 말한다)의 출입구(문)옆 벽면의 1.5미터 높이에는 남자용과 여자용을 구별할 수 있는 점자표지판을 부착하고, 출입구(문)의 통과유효폭은 0.9미터 이상으로 하여야 한다.

(나) 세정장치·수도꼭지 등은 광감지식·누름버튼식·레버식 등 사용하기 쉬운 형태로 설치하여야 한다.

(다) 장애인복지시설은 시각장애인이 화장실(장애인용 변기·세면대가 설치된 화장실이 일반 화장실과 별도로 설치된 경우에는 일반 화장실을 말한다)의 위치를 쉽게 알 수 있도록 하기 위하여 안내표시와 함께 음성유도장치를 설치하여야 한다.

• **제출서류**

예비인증	– 화장실 층별 평면도 – 화장실 층별 단면도 – 대변기·소변기·세면대 상세도 ※ 위 제출서류 중 평가항목의 조건을 만족하는 서류제출
본인증	– 예비인증시와 동일

인증등급별 사례

다목적화장실

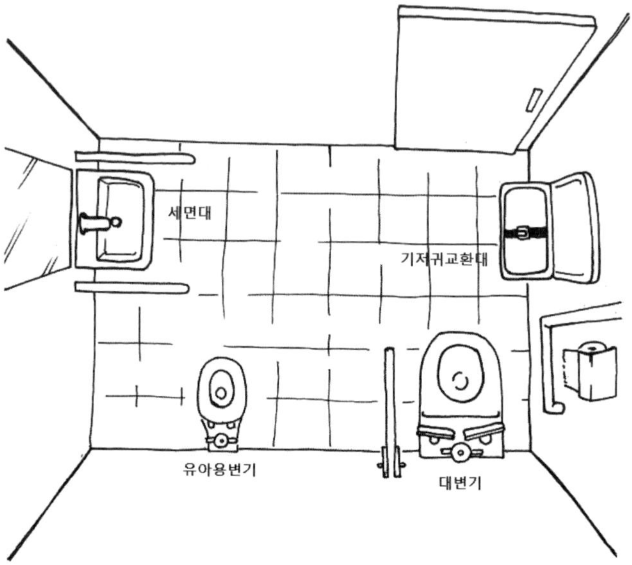

3.1.2 안내 표지판

세부 평가기준

- **평가목적** : 장애인 등이 이용 가능한 화장실의 안내표지판을 평가하여 장애인 등 다양한 사용자가 화장실 내부의 위치 및 기능을 인지할 수 있도록 함
- **평가방법** : 장애인등의 이용이 가능한 화장실 이용 안내표지판 설치 유무 평가
- **배　　점** : 2점 (평가항목)
- **산출기준 평점** : 장애인 등이 이용 가능한 화장실의 안내표지판 평가등급에 해당하는 평가항목 점수로 평가

구분	장애유형별 대응 방법	점수
최우수	우수의 조건을 만족하며, 다기능에 대한 안내표지 있음	2.0
우수	일반의 기준을 만족하며, 화장실 내부의 위치 및 기능을 안내할 수 있는 촉지도식 안내표지가 있음	1.6
일반	화장실 출입문 옆 벽면의 1.5m 높이에 점자표기를 포함한 남·여 구분 안내표지 있음점자표지 0.3m 전면에 점형블록 설치	1.4

– 1,500㎡미만의 공원에 화장실이 설치되지 않는 경우의 점수산정은 위생시설(3.항목 전체)을 제외한 공원 전체의 평가점수 비율을 3.항목에 적용, 이를 평가점수로 산정함

관련법 및 제출서류

- **관련법**

「장애인·노인·임산부 등의 편의증진 보장에 관한 법률」 시행령 별표2 제2호

「장애인·노인·임산부 등의 편의증진 보장에 관한 법률」 시행규칙 별표1 제13호

13. 장애인등의 이용이 가능한 화장실

가. 일반사항

(1) 설치장소

(가) 장애인등의 이용이 가능한 화장실은 장애인등의 접근이 가능한 통로에 연결하여 설치하여야 한다.

(나) 장애인용 변기와 세면대는 출입구(문)와 가까운 위치에 설치하여야 한다.

(2) 재질과 마감

(가) 화장실의 바닥면에는 높이차이를 두어서는 아니되며, 바닥표면은 물에 젖어도 미끄러지지 아니하는 재질로 마감하여야 한다.

(나) 화장실(장애인용 변기·세면대가 설치된 화장실이 일반 화장실과 별도로 설치된 경우에는 일반 화장실을 말한다)의 0.3미터 전면에는 점형블록을 설치하거나 시각장애인이 감지할 수 있도록 바닥재의 질감 등을 달리하여야 한다.

(3) 기타 설비

(가) 화장실(장애인용 변기·세면대가 설치된 화장실이 일반 화장실과 별도로 설치된 경우에는 일반 화장실을 말한다)의 출입구(문)옆 벽면의 1.5미터 높이에는 남자용과 여자용을 구별할 수 있는 점자표지판을 부착하고, 출입구(문)의 통과유효폭은 0.9미터 이상으로 하여야 한다.

(나) 세정장치·수도꼭지 등은 광감지식·누름버튼식·레버식 등 사용하기 쉬운 형태로 설치하여야 한다.

(다) 장애인복지시설은 시각장애인이 화장실(장애인용 변기·세면대가 설치된 화장실이 일반 화장실과 별도로 설치된 경우에는 일반 화장실을 말한다)의 위치를 쉽게 알 수 있도록 하기 위하여 안내표시와 함께 음성유도장치를 설치하여야 한다.

• **제출서류**

구분	내용
예비인증	– 화장실 층별 평면도 – 화장실 층별 단면도 – 대변기·소변기·세면대 상세도 – 화장실 안내표지판 상세도 – 배치도(장애인 화장실 및 안내표지판의 위치 표시) ※ 위 제출서류 중 평가항목의 조건을 만족하는 서류제출
본인증	– 예비인증시와 동일

인증등급별 사례

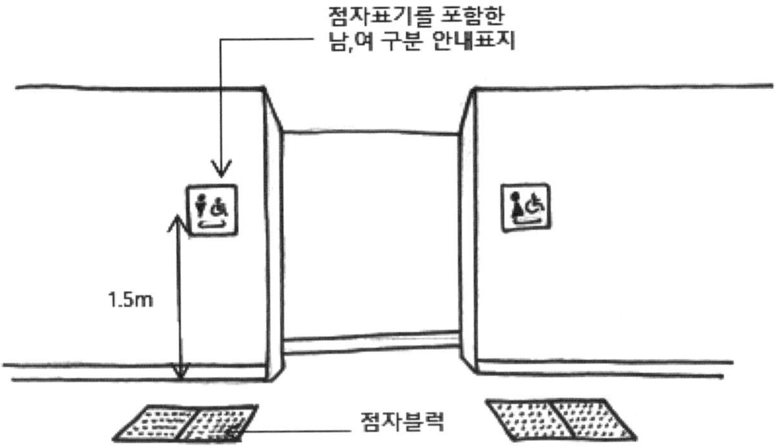

안내판 사례

3.2 화장실 접근

3.2.1 유효폭 및 단차

세부 평가기준

- **평가목적** : 화장실로 접근하기 위한 통로를 평가하여 화장실로 접근하기 위한 모든 통로가 장애인 등 다양한 사용자가 이용하는데 불편함이 없도록 적절한 유효폭을 확보하고, 단차 없이 진입할 수 있도록 함
- **평가방법** : 화장실로 접근하기 위한 모든 통로의 유효폭 및 단차 정도 평가
- **배　　점** : 3점 (평가항목)
- **산출기준 평점** : 화장실로 접근하기 위한 통로의 유효폭 및 단차 평가등급에 해당하는 평가항목 점수로 평가
- **세부항목** : 유효폭

구분	유효폭	점수
최우수	1.5m이상 통로폭 확보	1.5
우수	1.2m이상 통로폭 확보	1.2
일반	0.9m이상 통로폭 확보	1.05

- **세부항목** : 단차

구분	단차	점수
최우수	전혀 단차 없음	1.5
우수	단차가 있으며, 기울기 1/18(5.56%/3.18°) 이하의 경사로 설치	1.2
일반	단차가 있으며, 기울기 1/12(8.33%/4.76°) 이하의 경사로 설치	1.05

– 1,500㎡미만의 공원에 화장실이 설치되지 않는 경우의 점수산정은 위생시설(3.항목 전체)을 제외한 공원 전체의 평가점수 비율을 3.항목에 적용, 이를 평가점수로 산정함

관련법 및 제출서류

• **관련법**

「장애인·노인·임산부 등의 편의증진 보장에 관한 법률」 시행령 별표2 제2호

「장애인·노인·임산부 등의 편의증진 보장에 관한 법률」 시행규칙 별표1 제13호

「장애인·노인·임산부 등의 편의증진 보장에 관한 법률」 시행규칙 별표1 제7호,12호

7. 장애인 등의 통행이 가능한 복도 및 통로

가. 유효폭

복도의 유효폭은 1.2미터 이상으로 하되, 복도의 양옆에 거실이 있는 경우에는 1.5미터 이상으로 할 수 있다.

나. 바닥

(1) 복도의 바닥면에는 높이차이를 두어서는 아니된다. 다만, 부득이한 사정으로 높이차이를 두는 경우에는 경사로를 설치하여야 한다.

(2) 바닥표면은 미끄러지지 아니하는 재질로 평탄하게 마감하여야 하며, 넘어졌을 경우 가급적 충격이 적은 재료를 사용하여야 한다.

12. 경사로

가. 유효폭 및 활동공간

(1) 경사로의 유효폭은 1.2미터 이상으로 하여야 한다. 다만, 건축물을 증축·개축·재축·이전·대수선 또는 용도변경하는 경우로서 1.2미터 이상의 유효폭을 확보하기 곤란한 때에는 0.9미터까지 완화할 수 있다.

• **제출서류**

구분	제출서류
예비인증	– 화장실 층별 평면도 – 화장실 층별 단면도 – 바닥 마감 계획 상세도 ※ 위 제출서류 중 평가항목의 조건을 만족하는 서류제출
본인증	– 예비인증시와 동일

인증등급별 사례

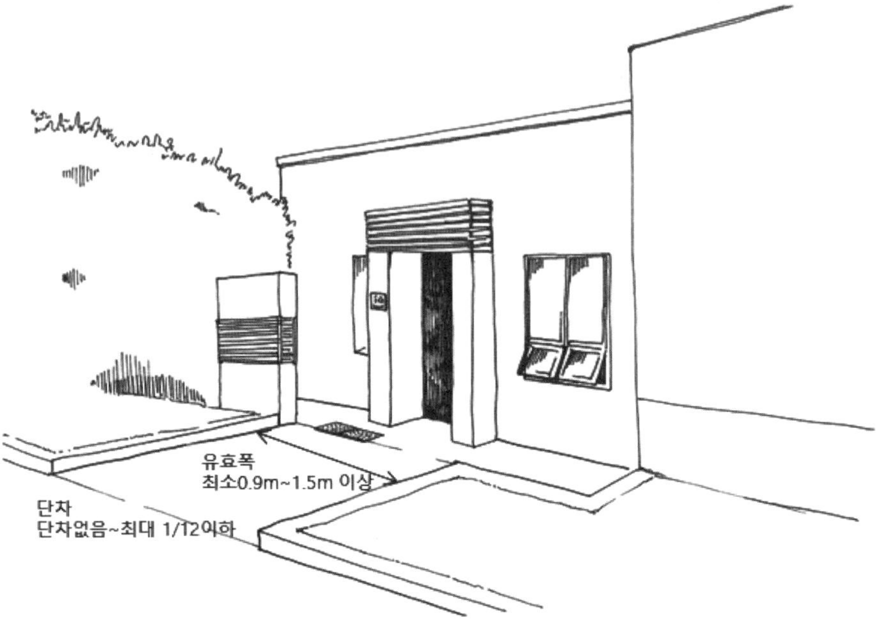

3.2.2 바닥 마감

세부 평가기준

- **평가목적** : 화장실 접근로의 마감 상태를 평가하여 장애인 및 노약자 등 다양한 사용자가 미끄러지거나 걸려 넘어지지 않고 안전하게 화장실로 접근 가능하도록 함
- **평가방법** : 화장실 바닥 마감의 평탄함 및 미끄럽지 않는 정도 평가
- **배　　점** : 2점 (평가항목)
- **산출기준 평점** : 화장실 바닥 마감의 평가등급에 해당하는 평가항목 점수로 평가

구분	바닥 마감	점수
최우수	우수의 조건을 만족하며, 충격을 흡수할 수 있는 재료로 마감	2.0
우수	일반의 조건을 만족하며, 걸려 넘어질 염려가 없음	1.6
일반	물이 묻어도 미끄럽지 않음	1.4

– 1,500㎡미만의 공원에 화장실이 설치되지 않는 경우의 점수산정은 위생시설(3.항목 전체)을 제외한 공원 전체의 평가점수 비율을 3.항목에 적용, 이를 평가점수로 산정함

관련법 및 제출서류

- **관련법**

「장애인·노인·임산부 등의 편의증진 보장에 관한 법률」 시행령 별표2 제2호
「장애인·노인·임산부 등의 편의증진 보장에 관한 법률」 시행규칙 별표1 제13호
「장애인·노인·임산부 등의 편의증진 보장에 관한 법률」 시행규칙 별표1 제1호

1. 장애인등의 통행이 가능한 접근로

라. 재질과 마감

(1) 접근로의 바닥표면은 장애인 등이 넘어지지 아니하도록 잘 미끄러지지 아니하는 재질로 평탄하게 마감하여야 한다.

(2) 블록 등으로 접근로를 포장하는 경우에는 이음새의 틈이 벌어지지 아니하도록 하고, 면이 평탄하게 시공하여야 한다.

(3) 장애인 등이 빠질 위험이 있는 곳에는 덮개를 설치하되, 그 표면은 접근로와 동일한 높이가 되도록 하고 덮개에 격자구멍 또는 틈새가 있는 경우에는 그 간격이 2센티미터 이하가 되도록 하여야 한다.

• **제출서류**

예비인증	– 화장실 층별 평면도 – 화장실 층별 단면도 – 바닥 마감 계획 상세도 ※ 위 제출서류 중 평가항목의 조건을 만족하는 서류제출
본인증	– 예비인증시와 동일

최우수	화장실 접근로는 평탄하고, 미끄럽지 않으며 넘어져도 충격을 흡수할 수 있는 재료로 마감

3.2.3 출입구(문)

세부 평가기준

- **평가목적** : 화장실의 출입구(문)을 평가하여 장애인 등 다양한 사용자가 화장실로 접근하는데 불편함이 없도록 적절한 형태의 출입문 및 적절한 폭을 확보하고, 시각장애인이 실의 기능을 알 수 있도록 출입구(문) 옆에 점자표지판을 설치하도록 함
- **평가방법** : 휠체어의 접근이 가능한 출입구(문)의 형태 및 유효폭의 확보 여부 평가
- **배　　점** : 3점 (평가항목)
- **산출기준 평점** : 화장실의 출입구(문) 평가등급에 해당하는 평가항목 점수로 평가

구분	형태 및 유효폭	점수
최우수	우수의 조건을 만족하며, 출입구(문) 유효폭을 1.2m이상 확보	3.0
우수	일반의 조건을 만족하며, 출입구(문) 유효폭을 1.0m이상 확보	2.4
일반	유효폭 0.9m이상의 여닫이, 미닫이 등의 출입문 형태로 설치	2.1

- 화장실의 출입문의 유효폭은 문틀 내부 폭에서 정첩의 내민 거리와 문의두께를 뺀 나머지 폭으로 측정함
- 화장실의 출입문이 없는 경우 화장실 출입문 형태는 자동문을 설치한 것과 동일하게 평가하고, 유효폭만으로 평가등급을 부여함
- 1,500㎡미만의 공원에 화장실이 설치되지 않는 경우의 점수산정은 위생시설(3.항목 전체)을 제외한 공원 전체의 평가점수 비율을 3.항목에 적용, 이를 평가점수로 산정함

관련법 및 제출서류

- **관련법**

「장애인·노인·임산부 등의 편의증진 보장에 관한 법률」 시행령 별표2 제2호

「장애인·노인·임산부 등의 편의증진 보장에 관한 법률」 시행규칙 별표1 제13호

나. 대변기

(1) 활동공간

(다) 출입문의 통과유효폭은 0.8미터 이상으로 하여야 한다.

(라) 출입문의 형태는 미닫이문 또는 접이문으로 할 수 있으며, 여닫이문을 설치하는 경우에는 바깥쪽으로 개폐되도록 하여야 한다. 다만, 휠체어사용자를 위하여 충분한 활동공간을 확보한 경우에는 안쪽으로 개폐되도록 할 수 있다.

- **제출서류**

예비인증	– 화장실 층별 평면도 – 화장실 층별 단면도 – 화장실 출입문 입면도 및 상세도 – 화장실 출입문 점자표지판 및 점형블록 설치 상세도 ※ 위 제출서류 중 평가항목의 조건을 만족하는 서류제출
본인증	– 예비인증시와 동일

인증등급별 사례

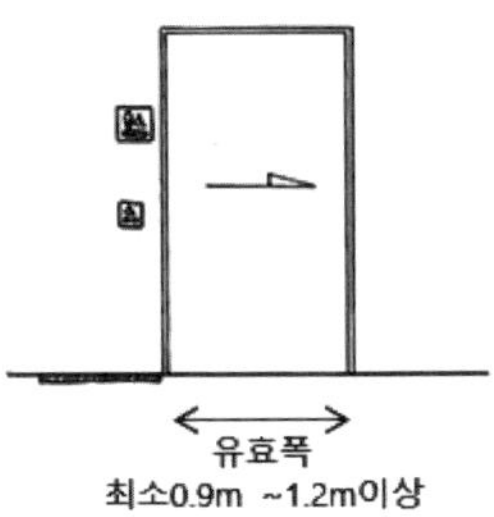	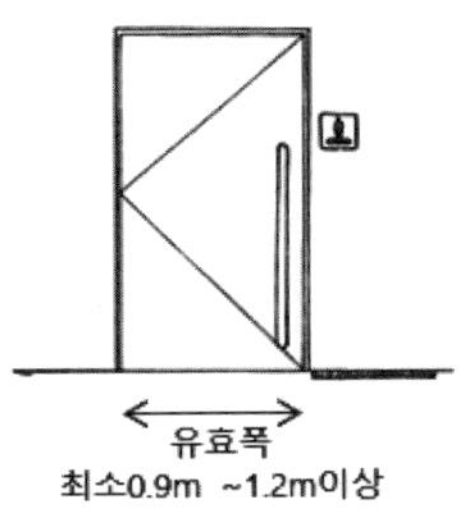	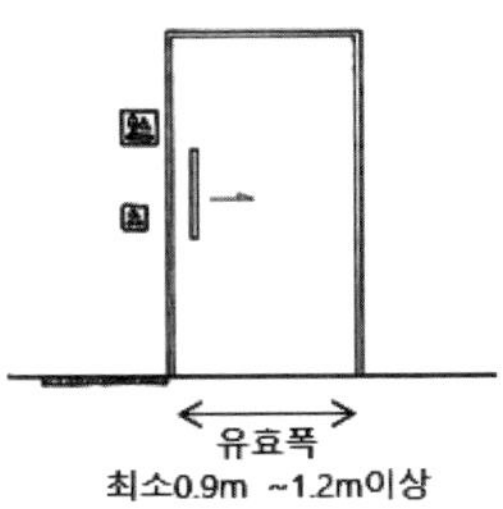
자동문	여닫이문	미닫이문

3.3 대변기

3.3.1 칸막이 출입문

세부 평가기준

- **평가목적** : 대변기의 칸막이 출입문을 평가하여 대변기 칸막이 출입문이 장애인 등 다양한 사용자가 대변기로 접근하는데 불편함이 없도록 적절한 형태 및 유효폭을 확보하도록 함
- **평가방법** : 휠체어의 접근이 가능한 칸막이 출입문의 유효폭 및 형태, 기타 설비 설치 평가
- **배　　점** : 2점 (평가항목)
- **산출기준 평점** : 대변기의 칸막이 출입문 평가등급에 해당하는 평가항목 점수로 평가
- **세부항목** : 유효폭

구분	유효폭	점수
최우수	유효폭 1.0m이상	0.5
우수	유효폭 0.9m이상	0.4

- **세부항목** : 형태

구분	형태	점수
최우수	자동문	0.5
우수	내부공간이 확보된 밖여닫이 또는 미닫이 형태	0.4

- **세부항목** : 사용여부 설비

구분	사용여부 설비	점수
최우수	불이 켜지는 문자 시각설비 설치	0.5
우수	색상과 문자로 사용여부 알 수 있음	0.4
일반	색상으로 사용 여부를 알 수 있음	0.35

- **세부항목** : 잠금장치

구분	잠금장치	점수
최우수	누구나 사용이 편리한 형태의 잠금장치를 설치함	0.5
우수	잠금장치를 설치함	0.4

- 화장실 사용여부 설비는 장애인이 이용가능한 화장실 칸막이 뿐 아니라 일반 칸막이에도 모두 설치하여야 함
- 대변기 칸막이의 유효폭은 문틀 내부 폭에서 정첩의 내민 거리와 문의두께를 뺀 나머지 폭으로 측정함
- 1,500㎡미만의 공원에 화장실이 설치되지 않는 경우의 점수산정은 위생시설(3.항목 전체)을 제외한 공원 전체의 평가점수 비율을 3.항목에 적용, 이를 평가점수로 산정함

관련법 및 제출서류

• **관련법**

「장애인·노인·임산부 등의 편의증진보장에 관한 법률」 시행령 별표2 제2호

「장애인·노인·임산부 등의 편의증진보장에 관한 법률」 시행규칙 별표1 제13호

나. 대변기

(1) 활동공간

(가) 건물을 신축하는 경우에는 대변기의 유효바닥면적이 폭 1.6미터 이상, 깊이 2.0미터 이상이 되도록 설치하여야 하며, 대변기의 좌측 또는 우측에는 휠체어의 측면접근을 위하여 유효폭 0.75미터 이상의 활동공간을 확보하여야 한다. 이 경우 대변기의 전면에는 휠체어가 회전할 수 있도록 1.4미터×1.4미터 이상의 활동공간을 확보하여야 한다.

(나) 신축이 아닌 기존시설에 설치하는 경우로서 시설의 구조 등의 이유로 (가)의 기준에 따라 설치하기가 어려운 경우에 한하여 유효바닥면적이 폭 1.0미터 이상, 깊이 1.8미터 이상이 되도록 설치하여야 한다.

(다) 출입문의 통과유효폭은 0.9미터 이상으로 하여야 한다.

(라) 출입문의 형태는 자동문, 미닫이문 또는 접이문 등으로 할 수 있으며, 여닫이문을 설치하는 경우에는 바깥쪽으로 개폐되도록 하여야 한다. 다만, 휠체어사용자를 위하여 충분한 활동공간을 확보한 경우에는 안쪽으로 개폐되도록 할 수 있다.

(2) 구조

(가) 대변기는 등받이가 있는 양변기형태로 하되, 바닥부착형으로 하는 경우에는 변기 전면의 트랩부분에 휠체어의 발판이 닿지 아니하는 형태로 하여야 한다.

(나) 대변기의 좌대의 높이는 바닥면으로부터 0.4미터 이상 0.45미터 이하로 하여야 한다.

(3) 손잡이

(가) 대변기의 양옆에는 아래의 그림과 같이 수평 및 수직손잡이를 설치하되, 수평손잡이는 양쪽에 모두 설치하여야 하며, 수직손잡이는 한쪽에만 설치할 수 있다.

(나) 수평손잡이는 바닥면으로부터 0.6미터 이상 0.7미터 이하의 높이에 설치하되, 한쪽 손잡이는 변기중심에서 0.4미터 이내의 지점에 고정하여 설치하여야 하며, 다른쪽 손잡이는 0.6미터 내외의 길이로 회전식으로 설치하여야 한다. 이 경우 손잡이간의 간격은 0.7미터 내외로 할 수 있다.

(다) 수직손잡이의 길이는 0.9미터 이상으로 하되, 손잡이의 제일 아랫부분이 바닥면으로부터 0.6미터 내외의 높이에 오도록 벽에 고정하여 설치하여야 한다. 다만, 손잡이의 안전성 등 부득이한 사유로 벽에 설치하는 것이 곤란한 경우에는 바닥에 고정하여 설치하되, 손잡이의 아랫부분이 휠체어의 이동에 방해가 되지 아니하도록 하여야 한다.

(라) 장애인등의 이용편의를 위하여 수평손잡이와 수직손잡이는 이를 연결하여 설치할 수 있다. 이 경우 (다)의 수직손잡이의 제일 아랫부분의 높이는 연결되는 수평손잡이의 높이로 한다.

(마) 화장실의 크기가 2미터×2미터 이상인 경우에는 천장에 부착된 사다리형태의 손잡이를 설치할 수 있다.

〈장애인등의 이용이 가능한 화장실(신축건물)〉

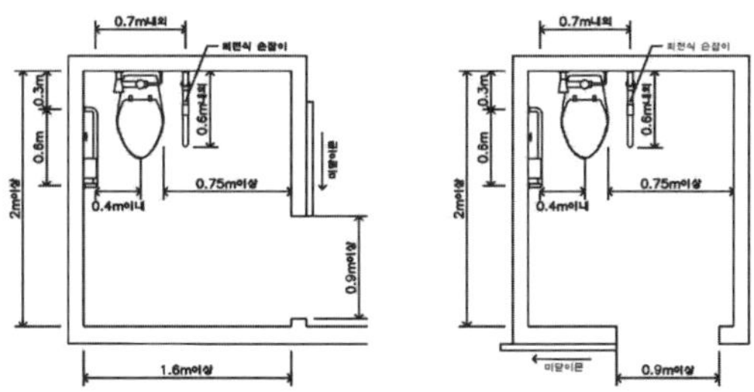

〈장애인등의 이용이 가능한 화장실(신축이 아닌 기존시설)〉

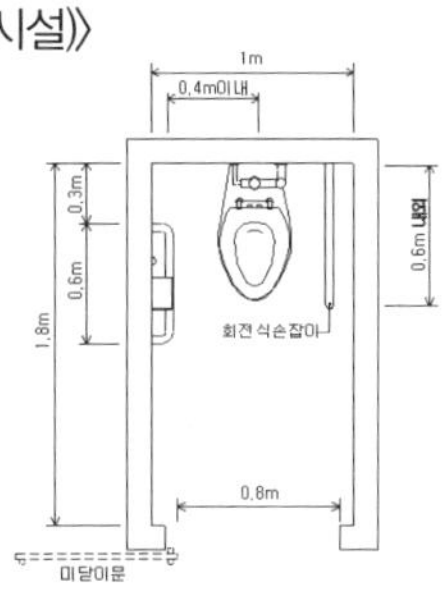

〈장애인등의 이용이 가능한 화장실〉

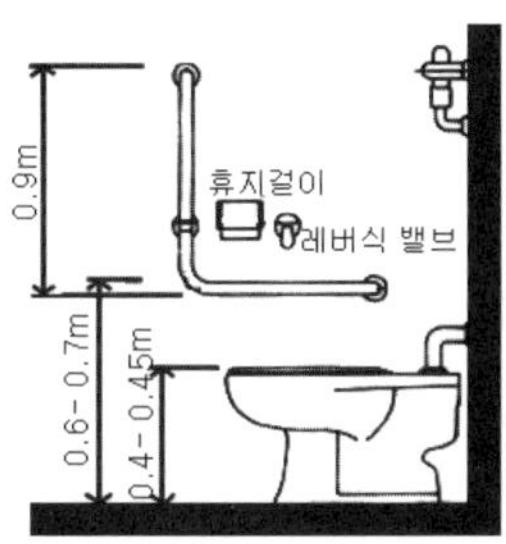

(4) 기타 설비

(가) 세정장치·휴지걸이 등은 대변기에 앉은 상태에서 이용할 수 있는 위치에 설치하여야 한다.

(나) 출입문에는 화장실사용여부를 시각적으로 알 수 있는 설비 및 잠금장치를 갖추어야 한다.

(다) 공공업무시설, 병원, 문화 및 집회시설, 장애인복지시설, 휴게소 등은 대변기 칸막이 내부에 세면기와 샤워기를 설치할 수 있다. 이 경우 세면기는 변기의 앞쪽에 최소 규모로 설치하여 대변기 칸막이 내부에서 휠체어가 회전하는데 불편이 없도록 하여야 하며, 세면기에 연결된 샤워기를 설치하되 바닥으로부터 0.8미터에서 1.2미터 높이에 설치하여야 한다.

• **제출서류**

예비인증	– 화장실 층별 평면도 – 화장실 층별 단면도 – 화장실 칸막이 입면도 ※ 위 제출서류 중 평가항목의 조건을 만족하는 서류제출
본인증	– 예비인증시와 동일

인증등급별 사례

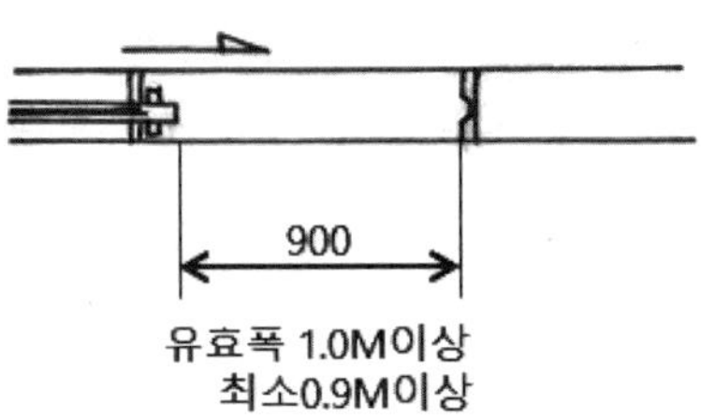

대변기 칸막이의 유효폭은 문틀 내부 폭에서 정첩의 내민 거리와 문의두께를 뺀 나머지 폭으로 측정함

[유효폭 및 형태]

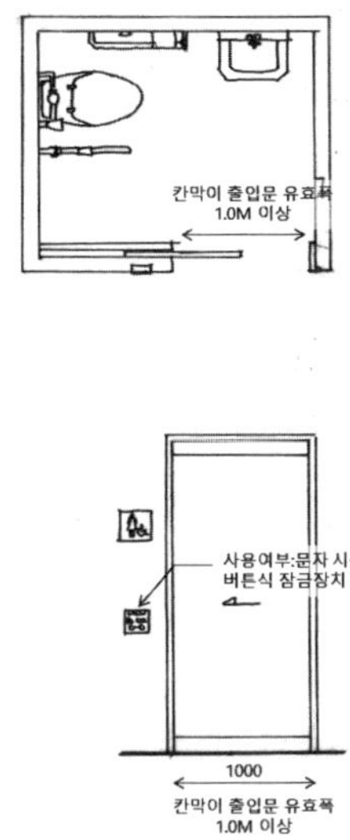

자동문

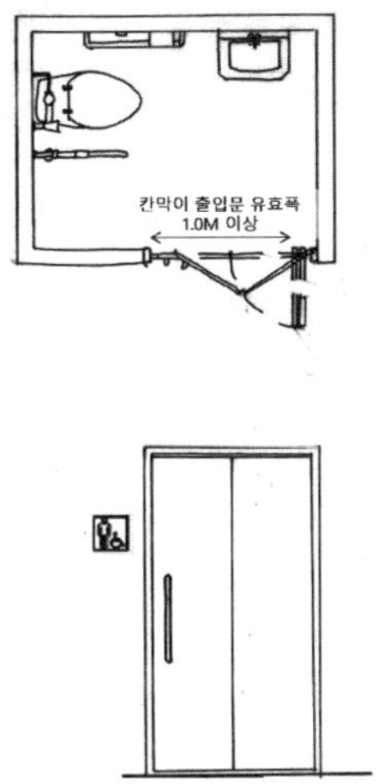

접이식문

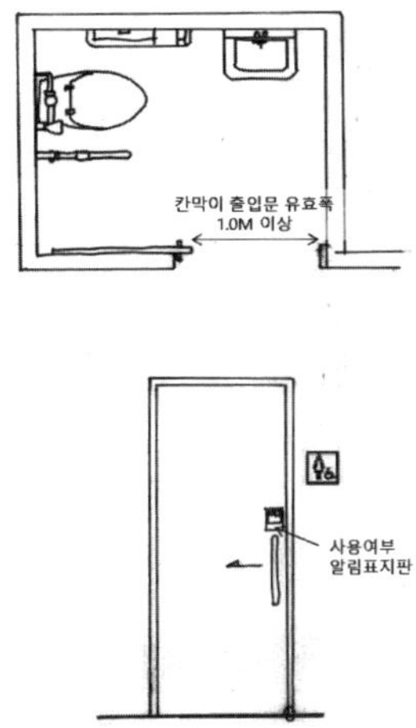

미닫이문

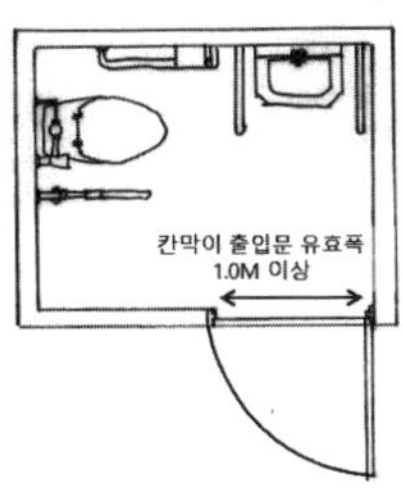

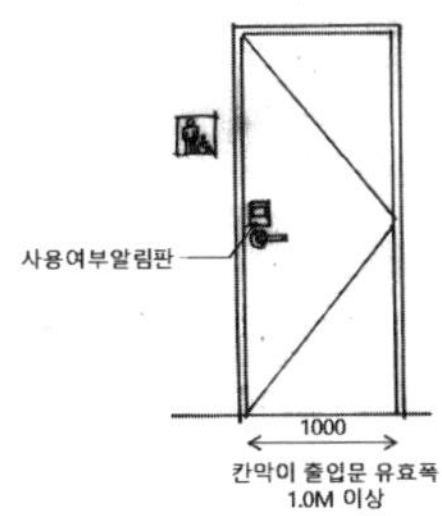

여닫이문

[사용여부 설비]

구분	사용여부 설비	잠금장치
최우수	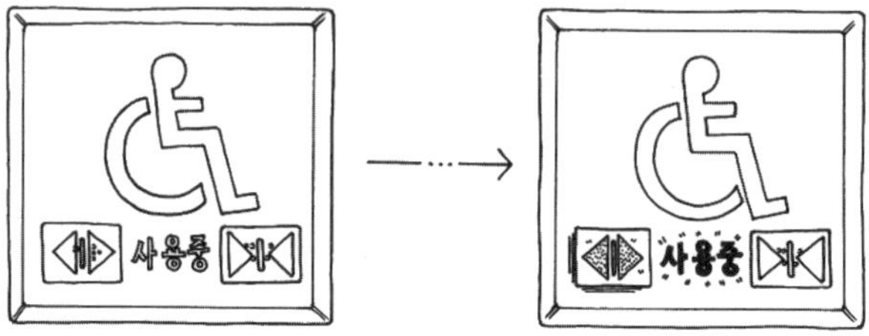	
	불이 켜지는 문자 시각설비 설치	누구나 사용이 편리한 형태의 잠금장치를 설치함
우수	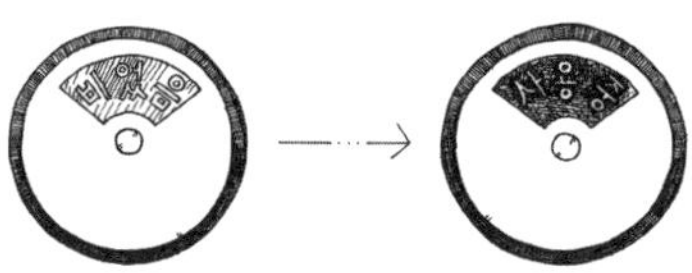	
	색상과 문자로 사용여부 알 수 있음	잠금장치를 설치함
일반	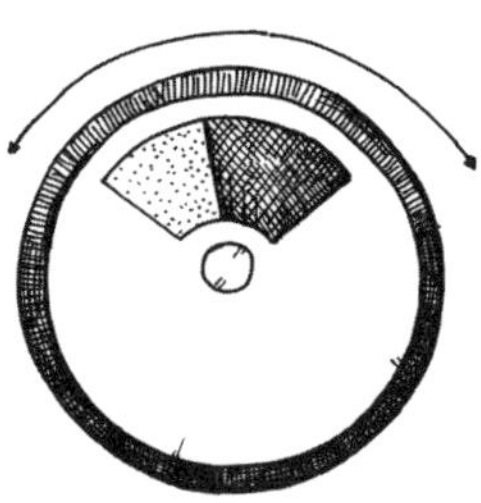	
	색상으로 사용여부 알 수 있음	

3.3.2 활동공간

세부 평가기준

- **평가목적** : 대변기 내부의 활동공간을 평가하여 장애인 등 다양한 사용자가 이용하는데 불편함이 없도록 적절한 활동공간을 확보하도록 함
- **평가방법** : 대변기 내부 유효 바닥면의 크기로 평가
- **배　　점** : 2점 (평가항목)
- **산출기준 평점** : 대변기 칸막이의 평가등급에 해당하는 평가항목 점수로 평가

구분	활동공간	점수
최우수	우수의 조건을 만족하며, 대변기 유효바닥면적이 폭2.0m이상, 깊이2.1m이상이 되도록 설치	2.0
우수	대변기 유효바닥면적이 폭 1.6m이상, 깊이 2.0m이상이 되도록 설치하여야 하며, 대변기 측면 활동공간 0.75m 이상 확보 및 대변기 전면 활동공간 1.4m × 1.4m 이상 확보	1.6

– 장애인 등이 이용 가능한 화장실 칸막이로 설치된 칸막이의 활동공간으로 평가함

– 1,500㎡미만의 공원에 화장실이 설치되지 않는 경우의 점수산정은 위생시설(3.항목 전체)을 제외한 공원 전체의 평가점수 비율을 3.항목에 적용, 이를 평가점수로 산정함

관련법 및 제출서류

- **관련법**

「장애인·노인·임산부 등의 편의증진 보장에 관한 법률」 시행령 별표2 제2호

「장애인·노인·임산부 등의 편의증진 보장에 관한 법률」 시행규칙 별표1 제13호

나. 대변기

(1) 활동공간

(가) 건물을 신축하는 경우에는 대변기의 유효바닥면적이 폭 1.6미터 이상, 깊이 2.0미터 이상이 되도록 설치하여야 하며, 대변기의 좌측 또는 우측에는 휠체어의 측면접근을 위하여 유효폭 0.75미터 이상의 활동공간을 확보하여야 한다. 이 경우 대변기의 전면에는 휠체어가 회전할 수 있도록 1.4미터×1.4미터 이상의 활동공간을 확보하여야 한다.

(나) 신축이 아닌 기존시설에 설치하는 경우로서 시설의 구조 등의 이유로 (가)의 기준에 따라 설치하기가 어려운 경우에 한하여 유효바닥면적이 폭 1.0미터 이상, 깊이 1.8미터 이상이 되도록 설치하여야 한다.

(다) 출입문의 통과유효폭은 0.9미터 이상으로 하여야 한다.

(라) 출입문의 형태는 자동문, 미닫이문 또는 접이문 등으로 할 수 있으며, 여닫이문을 설치하는 경우에는 바깥쪽으로 개폐되도록 하여야 한다. 다만, 휠체어사용자를 위하여 충분한 활동공간을 확보한 경우에는 안쪽으로 개폐되도록 할 수 있다.

• **제출서류**

예비인증	– 화장실 층별 평면도 – 화장실 층별 단면도 – 대변기 칸막이 상세도 – 바닥 마감 계획 상세도 ※ 위 제출서류 중 평가항목의 조건을 만족하는 서류제출
본인증	– 예비인증시와 동일

인증등급별 사례

최우수	· 대변기 유효바닥면적이 폭2.0m이상, 깊이2.1m이상이 되도록 설치	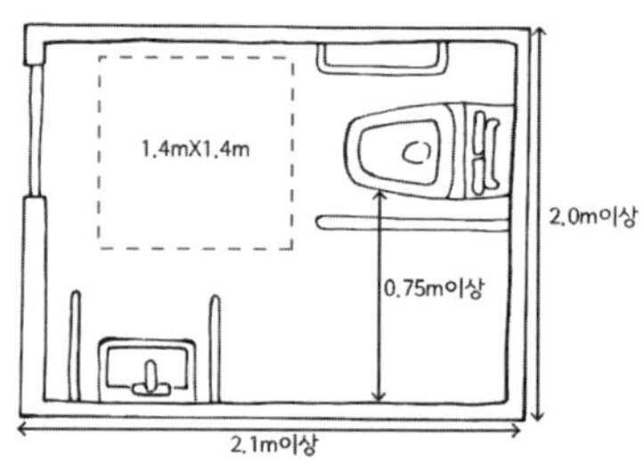
우수	· 대변기 유효바닥면적이 폭 1.6m이상, 깊이 2.0m이상이 되도록 설치하여야 하며, 대변기 측면 활동공간 0.75m 이상 확보 및 대변기 전면 활동공간 1.4m × 1.4m 이상 확보	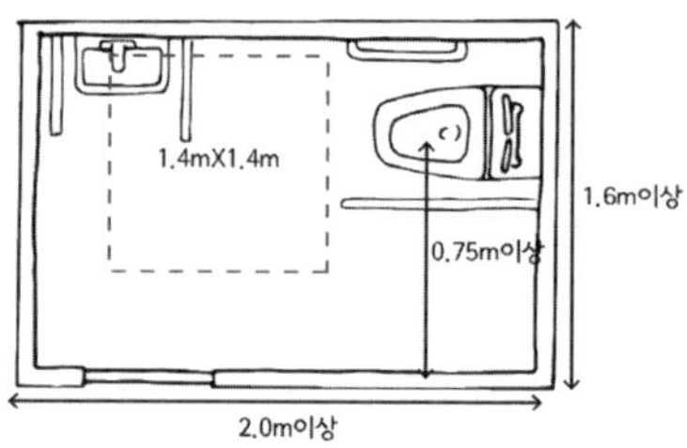

3.3.3 형태

세부 평가기준

- **평가목적** : 대변기의 형태 및 설치 높이를 평가하여 장애인 등 다양한 사용자가 이용하는데 불편함이 없도록 적절한 형태 및 높이로 설치되도록 함
- **평가방법** : 대변기의 형태 및 설치 높이 평가
- **배　　점** : 2점 (평가항목)
- **산출기준 평점** : 대변기 형태의 평가등급에 해당하는 평가항목 점수로 평가

구분	활동공간	점수
최우수	우수의 조건을 만족하며, 비데설치	2.0
우수	일반의 조건을 만족하며, 대변기는 벽걸이형으로 설치	1.6
일반	대변기는 양변기로 설치하고, 좌대의 높이는 바닥면으로 부터 0.4m~0.45m	1.4

– 1,500㎡ 미만의 공원에 화장실이 설치되지 않는 경우의 점수산정은 위생시설(3.항목 전체)을 제외한 공원 전체의 평가점수 비율을 3.항목에 적용, 이를 평가점수로 산정함

관련법 및 제출서류

- **관련법**

「장애인·노인·임산부 등의 편의증진 보장에 관한 법률」 시행령 별표2 제2호
「장애인·노인·임산부 등의 편의증진 보장에 관한 법률」 시행규칙 별표1 제13호

나. 대변기
(2) 구조
(가) 대변기는 양변기형태로 하되, 바닥부착형으로 하는 경우에는 변기 전면의 트랩부분에 휠체어의 발판이 닿지 아니하는 형태로 하여야 한다.
(나) 대변기의 좌대의 높이는 바닥면으로부터 0.4미터 이상 0.45미터 이하로 하여야 한다.

- **제출서류**

구분	내용
예비인증	–화장실 층별 평면도 –화장실 층별 단면도 –대변기 상세도 –바닥 마감 계획 상세도 ※ 위 제출서류 중 평가항목의 조건을 만족하는 서류제출
본인증	– 예비인증시와 동일

인증등급별 사례

최우수 우수의 조건을 만족하며, 비데설치

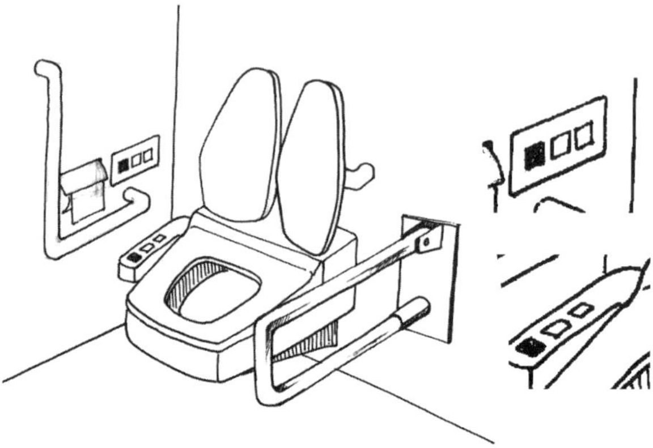

우수 일반의 조건을 만족하며, 대변기는 벽걸이형으로 설치

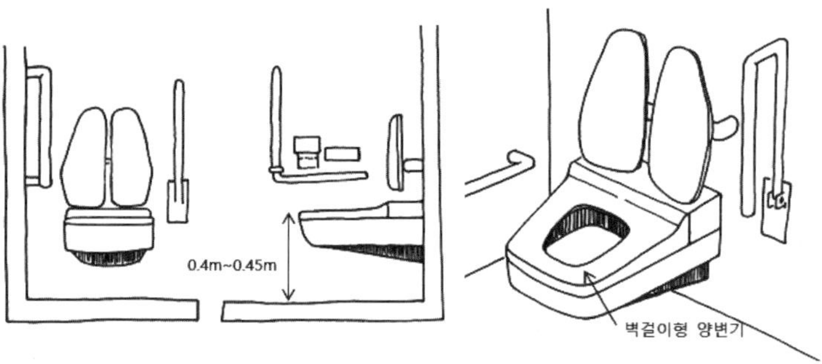

일반 대변기는 양변기로 설치하고, 좌대의 높이는 바닥면으로부터 0.4m~0.45m

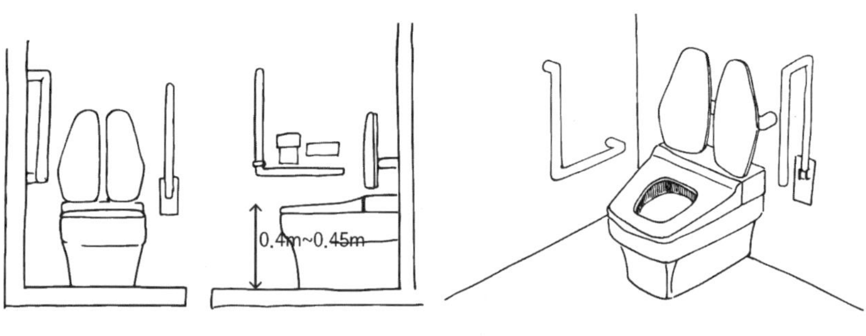

3.3.4 손잡이

세부 평가기준

- **평가목적** : 대변기 손잡이를 평가하여 장애인 등 다양한 사용자가 대변기를 이용하는데 불편함이 없도록 적절한 재질과 굵기의 손잡이가 적절한 높이에 설치되도록 함
- **평가방법** : 대변기 수평 및 수직손잡이 재질과 굵기, 설치 높이로 평가
- **배 점** : 2점 (평가항목)
- **산출기준 평점** : 대변기 손잡이의 평가등급에 해당하는 평가항목 점수로 평가

구분	손잡이	점수
최우수	우수의 조건을 만족하며, 손잡이는 차갑거나 미끄럽지 않은 재질의 손잡이 설치	2.0
우수	대변기 양옆에 수평손잡이는 높이 0.6m~0.7m위치에 설치변기중심에서 0.4m이내의 지점에 고정하여 설치다른 쪽 손잡이는 0.6m 내외의 길이로 회전식으로 설치하여야 하며 손잡이간의 간격은 0.7m내외로 설치할 수 있음수직손잡이는 수평손잡이와 연결하여 0.9m이상의 길이로 설치손잡이 두께는 지름 3.2cm~3.8cm가 되도록 설치	1.6

- 1,500㎡미만의 공원에 화장실이 설치되지 않는 경우의 점수산정은 위생시설(3.항목 전체)을 제외한 공원 전체의 평가점수 비율을 3.항목에 적용, 이를 평가점수로 산정함

관련법 및 제출서류

- **관련법**

「장애인·노인·임산부 등의 편의증진 보장에 관한 법률」 시행령 별표2 제2호

「장애인·노인·임산부 등의 편의증진 보장에 관한 법률」 시행규칙 별표1 제13호

나. 대변기

(3) 손잡이

(가) 대변기의 양옆에는 아래의 그림과 같이 수평 및 수직손잡이를 설치하되, 수평손잡이는 양쪽에 모두 설치하여야 하며, 수직손잡이는 한쪽에만 설치할 수 있다.

(나) 수평손잡이는 바닥면으로부터 0.6미터 이상 0.7미터 이하의 높이에 설치하되, 한쪽 손잡이는 변기중심에서 0.4미터 이내의 지점에 고정하여 설치하여야 하며, 다른쪽 손잡이는 0.6미터 내외의 길이로 회전식으로 설치하여야 한다. 이 경우 손잡이간의 간격은 0.7미터 내외로 할 수 있다.

(다) 수직손잡이의 길이는 0.9미터 이상으로 하되, 손잡이의 제일 아랫부분이 바닥면으로부터 0.6미터 내외의 높이에 오도록 벽에 고정하여 설치하여야 한다. 다만, 손잡이의 안전성 등 부득이한 사유로 벽에 설치하는 것이 곤란한 경우에는 바닥에 고정하여 설치하되, 손잡이의 아랫부분이 휠체어의 이동에 방해가 되지 아니하도록 하여야 한다.

(라) 장애인 등의 이용편의를 위하여 수평손잡이와 수직손잡이는 이를 연결하여 설치할 수 있다. 이 경우 (다)의 수직손잡이의 제일 아랫부분의 높이는 연결되는 수평손잡이의 높이로 한다.

(마) 화장실의 크기가 2미터×2미터 이상인 경우에는 천장에 부착된 사다리형태의 손잡이를 설치할 수 있다.

• **제출서류**

예비인증	– 화장실 층별 평면도 – 화장실 층별 단면도 – 대변기 손잡이 상세도 ※ 위 제출서류 중 평가항목의 조건을 만족하는 서류제출
본인증	– 예비인증시와 동일

인증등급별 사례

최우수 우수의 조건을 만족하며, 손잡이는 차갑거나 미끄럽지 않은 재질의 손잡이 설치

우수

대변기 양옆에 수평손잡이는 높이 0.6m~0.7m위치에 설치

변기중심에서 0.4m이내의 지점에 고정하여 설치

다른 쪽 손잡이는 0.6m 내외의 길이로 회전식으로 설치하여야 하며 손잡이간의 간격은 0.7m내외로 설치할 수 있음

수직손잡이는 수평손잡이와 연결하여 0.9m 이상의 길이로 설치

손잡이 두께는 지름 3.2cm~3.8cm가 되도록 설치

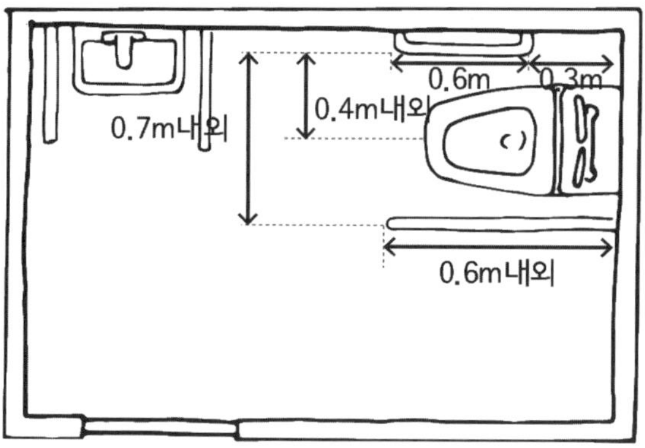

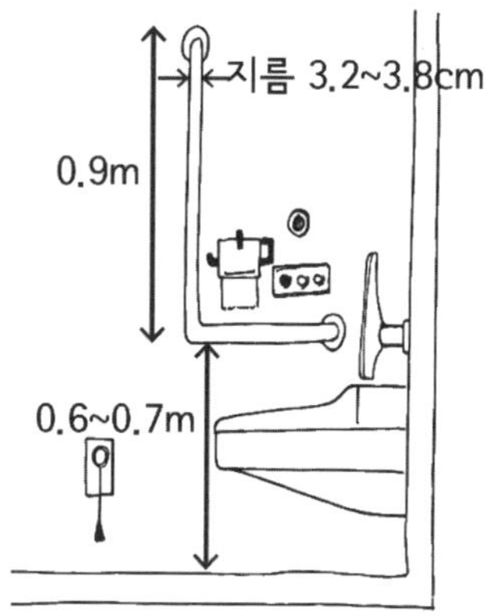

3.3.5 기타설비

세부 평가기준

- **평가목적** : 대변기에 세정장치를 평가하여 장애인 등 다양한 사용자가 대변기 세정장치를 이용하는데 불편함이 없도록 적절한 형태의 세정장치가 설치되도록 함
- **평가방법** : 세정장치의 설치 형태 및 기타설비 평가
- **배　　점** : 2점 (평가항목)
- **산출기준 평점** : 대변기 기타설비의 평가등급에 해당하는 평가항목 점수로 평가

구분	기타설비	점수
최우수	우수 조건을 만족하고 세정장치는 광감지식(또는 자동 물내림 장치) 및 누름 버튼(바닥 또는 벽면) 설치	2.0
우수	대변기에 비상호출벨 및 등받이를 설치하여야 하며, 앉은 상태에서 화장지걸이 등의 기타설비가 이용 가능하도록 설치세정장치는 광감지식(또는 자동 물내림 장치) 또는 바닥+벽면 누름 버튼 장치 설치	1.6

- 유아용 거치대는 장애인이 사용 가능한 화장실 또는 일반화장실에 설치한 것을 평가함
- 조명스위치 및 화장지걸이는 바닥면에서 0.8m ~ 1.2m이내에 설치하여야 함
- 출입문을 자동문으로 설치할 경우 자동문버튼은 바닥면에서 0.8m ~ 0.9m 높이로 설치하여야 하며 코너로부터 0.4m ~ 0.5m 이격하여 설치하여야 함
- 1,500㎡미만의 공원에 화장실이 설치되지 않는 경우의 점수산정은 위생시설(3.항목 전체)을 제외한 공원 전체의 평가점수 비율을 3.항목에 적용, 이를 평가점수로 산정함
- 비상용 벨은 대변기 가까운 곳에 바닥면으로부터 0.6미터와 0.9미터 사이의 높이에 설치하되, 바닥면으로부터 0.2미터 내외의 높이에서도 이용이 가능하도록 하여야 함

관련법 및 제출서류

- **관련법**

「장애인·노인·임산부 등의 편의증진 보장에 관한 법률」 시행령 별표2 제2호

「장애인·노인·임산부 등의 편의증진 보장에 관한 법률」 시행규칙 별표1 제13호

나. 대변기

(4) 기타 설비

(가) 세정장치·휴지걸이 등은 대변기에 앉은 상태에서 이용할 수 있는 위치에 설치하여야 한다.

(나) 출입문에는 화장실사용여부를 시각적으로 알 수 있는 설비 및 잠금장치를 갖추어야 한다.

(다) 공공업무시설, 병원, 문화 및 집회시설, 장애인복지시설, 휴게소 등은 대변기 칸막이 내부에 세면기와 샤워기를 설치할 수 있다. 이 경우 세면기는 변기의 앞쪽에 최소 규모로 설치하여 대변기 칸막이 내부에서 휠체어가 회전하는데 불편이 없도록 하여야 하며, 세면기에 연결된 샤워기를 설치하되 바닥으로부터 0.8미터에서 1.2미터 높이에 설치하여야 한다.

(라) 화장실 내에서의 비상사태에 대비하여 비상용 벨은 대변기 가까운 곳에 바닥면으로부터 0.6미터와 0.9미터 사이의 높이에 설치하되, 바닥면으로부터 0.2미터 내외의 높이에서도 이용이 가능하도록 하여야 한다.

• **제출서류**

구분	제출서류
예비인증	– 화장실 층별 평면도 – 화장실 층별 단면도 – 대변기 세정장치 상세도 ※ 위 제출서류 중 평가항목의 조건을 만족하는 서류제출
본인증	– 예비인증시와 동일

인증등급별 사례

최우수

우수 조건을 만족하고 세정장치는 광감지식(또는 자동 물내림 장치) 및 누름 버튼(바닥 또는 벽면) 설치

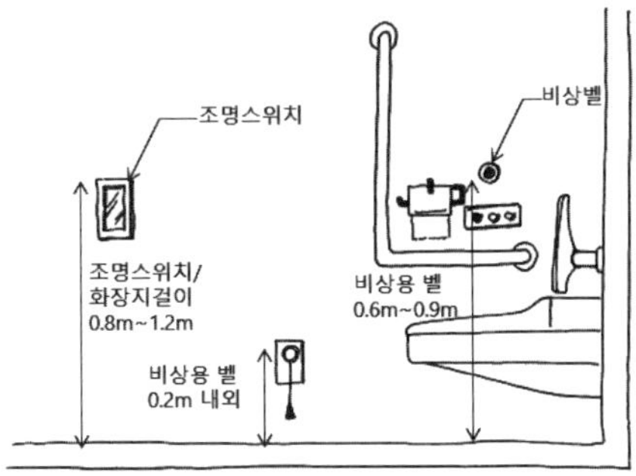

우수

대변기에 비상호출벨 및 등받이를 설치하여야 하며, 앉은 상태에서 화장지걸이 등의 기타설비가 이용 가능하도록 설치

세정장치는 광감지식(또는 자동 물내림 장치) 또는 바닥+벽면 누름 버튼 장치 설치

3.4 소변기

3.4.1 형태 및 손잡이

세부 평가기준

- **평가목적** : 소변기의 형태 및 손잡이를 평가하여 장애인 또는 노약자 등의 지탱하는 힘이 부족한 다양한 사용자가 소변기를 이용하는데 불편함이 없도록 적절한 형태의 소변기와 손잡이가 설치되도록 함
- **평가방법** : 소변기의 형태 및 수평·수직손잡이 굵기, 설치 높이 평가
- **배　　점** : 2점 (평가항목)
- **산출기준 평점** : 소변기의 평가등급에 해당하는 평가항목점수로 평가

구분	형태 및 손잡이	점수
최우수	우수의 기준을 만족하며, 손잡이의 재질이 차갑지 않은 손잡이 설치	2.0
우수	일반의 기준을 만족하며, 바닥부착형의 소변기 설치	1.6
일반	수평손잡이는 높이 0.8m~0.9m, 길이는 벽면으로부터 0.55m내외로 설치좌우손잡이 간격은 0.6m내외로 설치수직손잡이는 높이 1.1m~1.2m, 돌출폭 벽면으로부터 0.25m내외, 하단부가 휠체어의 이동에 방해가 되지 않도록 설치손잡이 두께는 지름 3.2cm~3.8cm가 되도록 설치	1.4

– 1,500㎡미만의 공원에 화장실이 설치되지 않는 경우의 점수산정은 위생시설(3.항목 전체)을 제외한 공원 전체의 평가점수 비율을 3.항목에 적용, 이를 평가점수로 산정함

관련법 및 제출서류

- **관련법**

「장애인·노인·임산부 등의 편의증진 보장에 관한 법률」 시행령 별표2 제2호

「장애인·노인·임산부 등의 편의증진 보장에 관한 법률」 시행규칙 별표1 제13호

다. 소변기

(1) 구조

소변기는 바닥부착형으로 할 수 있다.

(2) 손잡이

(가) 소변기의 양옆에는 아래의 그림과 같이 수평 및 수직손잡이를 설치하여야 한다.

(나) 수평손잡이의 높이는 바닥면으로부터 0.8미터 이상 0.9미터 이하, 길이는 벽면으로부터 0.55미터 내외, 좌우 손잡이의 간격은 0.6미터 내외로 하여야 한다.

(다) 수직손잡이의 높이는 바닥면으로부터 1.1미터 이상 1.2미터 이하, 돌출폭은 벽면으로부터 0.25미터 내외로 하여야 하며, 하단부가 휠체어의 이동에 방해가 되지 아니하도록 하여야 한다.

• **제출서류**

예비인증	– 화장실 층별 평면도 – 화장실 층별 단면도 – 소변기 상세도 – 소변기 손잡이 상세도 ※ 위 제출서류 중 평가항목의 조건을 만족하는 서류제출
본인증	– 예비인증시와 동일

인증등급별 사례

최우수 우수의 기준을 만족하며, 손잡이의 재질이 차갑지 않은 손잡이 설치

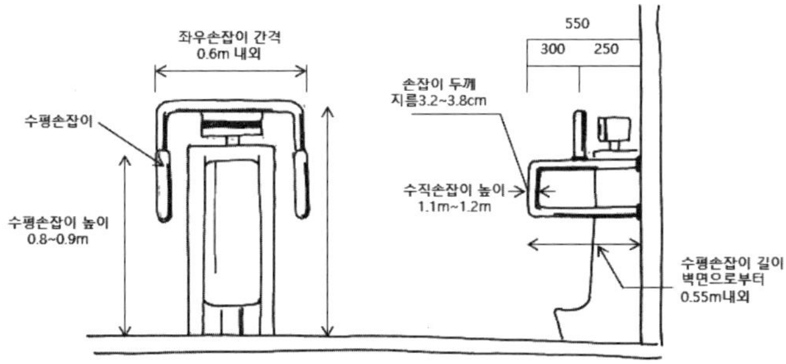

우수 일반의 기준을 만족하며, 바닥부착형의 소변기 설치

일반 수평손잡이는 높이 0.8m~0.9m, 길이는 벽면으로부터 0.55m내외로 설치좌우 손잡이 간격은 0.6m내외로 설치, 수직 손잡이는 높이 1.1m~1.2m, 돌출폭 벽면으로부터 0.25m내외, 하단부가 휠체어의 이동에 방해가 되지 않도록 설치, 손잡이 두께는 지름 3.2cm~3.8cm가 되도록 설치

3.5 세면대

3.5.1 형태

세부 평가기준

- **평가목적** : 세면대 형태를 평가하여 장애인 등 다양한 사용자가 세면대를 이용하는데 불편함이 없도록 적절한 형태의 세면대가 설치되도록 함
- **평가방법** : 세면대의 형태 평가
- **배　　점** : 1점 (평가항목)
- **산출기준 평점** : 세면대 형태의 평가등급에 해당하는 평가항목 점수로 평가

구분	세면대 형태	점수
최우수	우수의 조건을 만족하며, 대변기 칸막이 내부에 대변기 사용에 전혀 방해가 되지 않는 세면대 설치	1.0
우수	일반의 조건을 만족하며, 카운터형 혹은 단독형 세면대 설치	0.8
일반	세면대의 상단높이는 바닥면으로부터 0.85m하단은 깊이 0.45m, 높이 0.65m이 확보	0.7

- 대변기 칸막이 내부에 단독형으로 설치할 경우 세면대 양측면에 회전형 손잡이를 설치
- 외부 세면대로 적용할 경우, 단독형이면 반드시 양쪽손잡이를 설치하여야하며 카운터형일 경우에는 양쪽손잡이 없어도 평가가 가능함
- 1,500㎡미만의 공원에 화장실이 설치되지 않는 경우의 점수산정은 위생시설(3.항목 전체)을 제외한 공원 전체의 평가점수 비율을 3.항목에 적용, 이를 평가점수로 산정함

관련법 및 제출서류

- **관련법**

「장애인·노인·임산부 등의 편의증진 보장에 관한 법률」 시행령 별표2 제2호

「장애인·노인·임산부 등의 편의증진 보장에 관한 법률」 시행규칙 별표1 제13호

라. 세면대

(1) 구조

(가) 휠체어사용자용 세면대의 상단높이는 바닥면으로부터 0.85미터, 하단 높이는 0.65미터 이상으로 하여야 한다.

(나) 세면대의 하부는 무릎 및 휠체어의 발판이 들어갈 수 있도록 하여야 한다.

(2) 손잡이 및 기타 설비

(가) 목발사용자 등 보행곤란자를 위하여 세면대의 양옆에는 수평손잡이를 설치할 수 있다.

(나) 수도꼭지는 냉·온수의 구분을 점자로 표시하여야 한다.

(다) 휠체어사용자용 세면대의 거울은 아래의 그림과 같이 세로길이 0.65미터 이상, 하단 높이는 바닥면으로부터 0.9미터 내외로 설치할 수 있으며, 거울상단부분은 15도정도 앞으로 경사지게 하거나 전면거울을 설치할 수 있다.

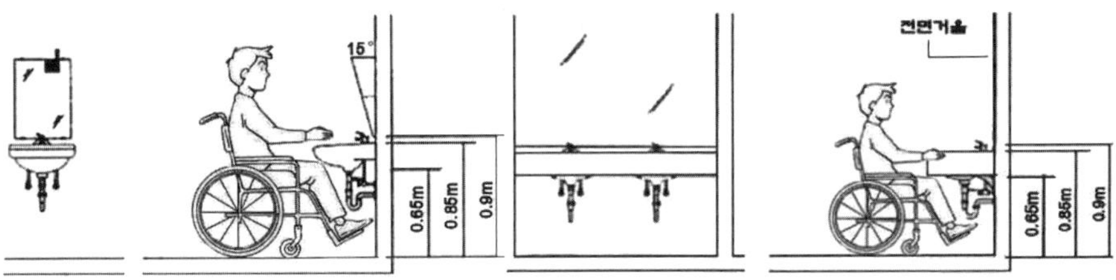

- **제출서류**

예비인증	– 화장실 층별 평면도 – 화장실 층별 단면도 – 세면대 상세도 ※ 위 제출서류 중 평가항목의 조건을 만족하는 서류제출
본인증	– 예비인증시와 동일

인증등급별 사례

최우수

우수의 조건을 만족하며, 대변기 칸막이 내부에 대변기 사용에 전혀 방해가 되지 않는 세면대 설치

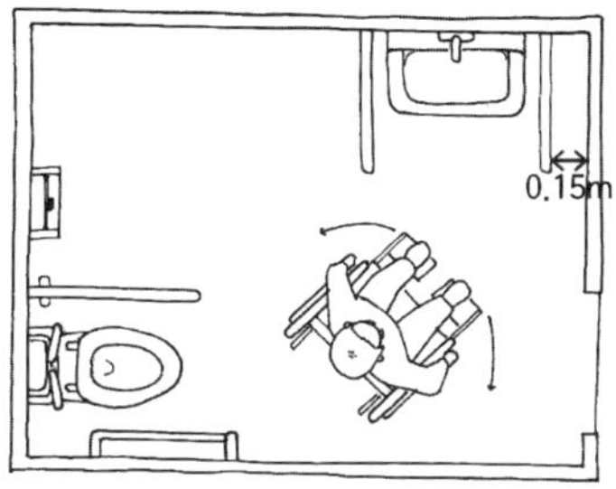

카운터형

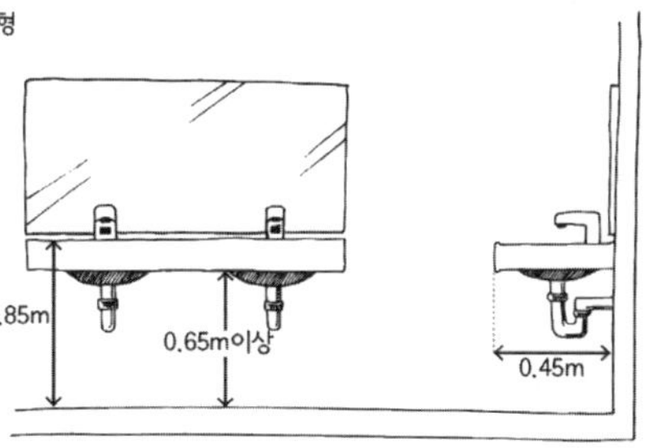

단독형

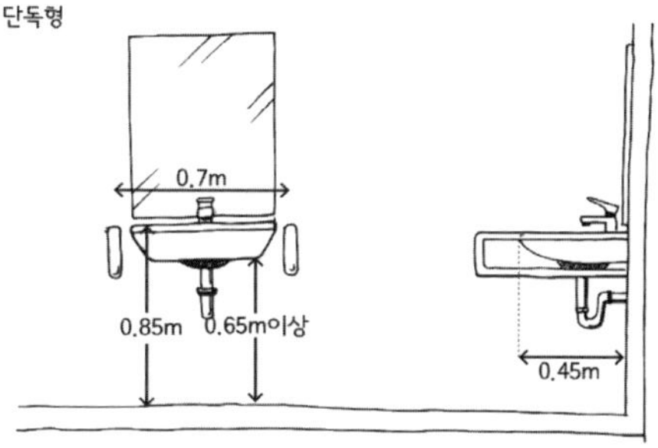

우수 일반의 조건을 만족하며, 카운터형 혹은 단독형 세면대 설치

일반 세면대의 상단높이는 바닥면으로부터 0.85m, 하단은 깊이 0.45m, 높이 0.65m이 확보

3.5.2 거울

세부 평가기준

- **평가목적** : 세면대 거울을 평가하여 휠체어사용자 또는 어린이뿐만 아니라 다양한 사용자가 세면대 거울을 이용하는데 불편함이 없도록 적절한 형태의 세면대 거울을 설치하도록 함
- **평가방법** : 세면대 거울의 휠체어사용자의 사용 가능 여부 평가
- **배 점** : 1점 (평가항목)
- **산출기준 평점** : 세면대 거울의 평가등급에 해당하는 평가항목 점수로 평가

구분	세면대 형태	점수
최우수	우수의 조건을 만족하며, 확대경 설치	1.0
우수	일반의 조건을 만족하며, 전면 거울 설치	0.8
일반	세로길이 0.65m이상, 하단높이 바닥면으로부터 0.9m내외, 거울상단부분이 15°정도 앞으로 경사진 경사형 거울 설치	0.7

– 1,500㎡미만의 공원에 화장실이 설치되지 않는 경우의 점수산정은 위생시설(3.항목 전체)을 제외한 공원 전체의 평가점수 비율을 3.항목에 적용, 이를 평가점수로 산정함

관련법 및 제출서류

- **관련법**

「장애인·노인·임산부 등의 편의증진 보장에 관한 법률」 시행령 별표2 제2호
「장애인·노인·임산부 등의 편의증진 보장에 관한 법률」 시행규칙 별표1 제13호

라. 세면대

(2) 손잡이 및 기타 설비

(다) 휠체어사용자용 세면대의 거울은 아래의 그림과 같이 세로길이 0.65미터 이상, 하단 높이는 바닥면으로부터 0.9미터 내외로 설치할 수 있으며, 거울상단부분은 15도정도 앞으로 경사지게 하거나 전면거울을 설치할 수 있다.

- **제출서류**

예비인증	– 화장실 층별 평면도 – 화장실 층별 단면도 – 세면대 거울 설치상세도 ※ 위 제출서류 중 평가항목의 조건을 만족하는 서류제출
본인증	– 예비인증시와 동일

인증등급별 사례

최우수 우수의 조건을 만족하며, 확대경 설치

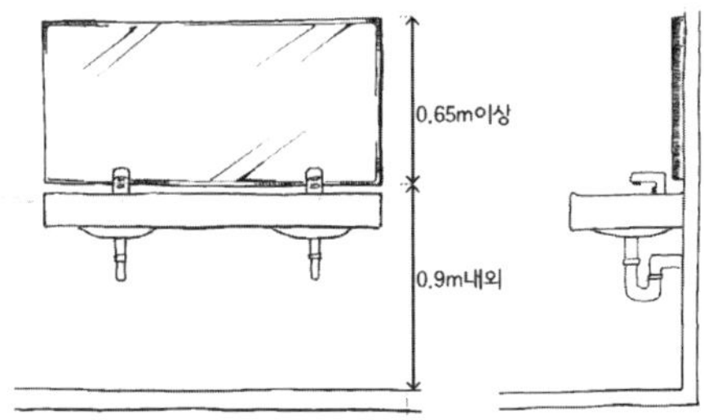

우수 일반의 조건을 만족하며, 전면거울 설치

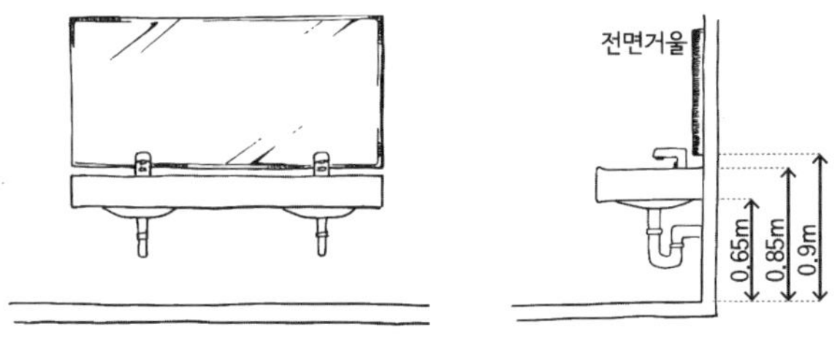

일반 세로길이 0.65m이상, 하단높이 바닥면으로부터 0.9m내외, 거울상단부분이 15°정도 앞으로 경사진 경사형 거울 설치

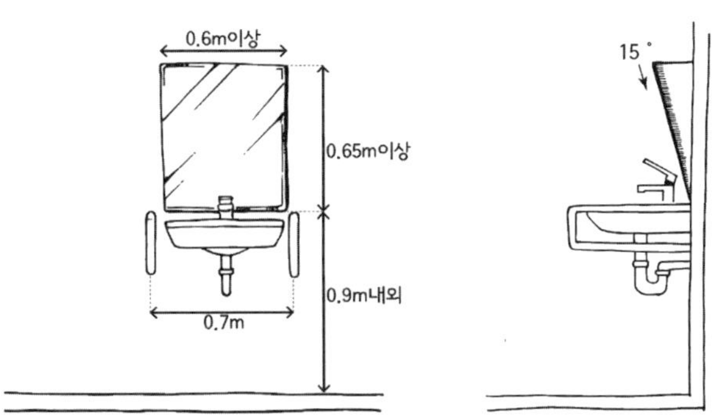

3.5.3 수도꼭지

세부 평가기준

- **평가목적** : 세면대의 수도꼭지를 평가하여 장애인 등 다양한 사용자가 이용하는데 불편함이 없도록 적절한 형태의 수도꼭지가 설치되도록 함
- **평가방법** : 세면대 수도꼭지 형태 평가
- **배　　점** : 1점 (평가항목)
- **산출기준 평점** : 세면대의 수도꼭지 평가등급에 해당하는 평가항목 점수로 평가

구분	수도꼭지	점수
최우수	광감지식 설치	1.0
우수	누름버튼식·레버식 등 사용하기 쉬운 형태로 설치하며, 냉수·온수 점자표시	0.8

– 1,500㎡ 미만의 공원에 화장실이 설치되지 않는 경우의 점수산정은 위생시설(3.항목 전체)을 제외한 공원 전체의 평가점수 비율을 3.항목에 적용, 이를 평가점수로 산정함

관련법 및 제출서류

- **관련법**

「장애인·노인·임산부 등의 편의증진 보장에 관한 법률」 시행령 별표2 제2호
「장애인·노인·임산부 등의 편의증진 보장에 관한 법률」 시행규칙 별표1 제13호

라. 세면대
(1) 구조
(나) 수도꼭지는 냉·온수의 구분을 점자로 표시하여야 한다.

- **제출서류**

구분	제출서류
예비인증	– 화장실 층별 평면도 – 화장실 층별 단면도 – 세면대 수도꼭지 상세도 ※ 위 제출서류 중 평가항목의 조건을 만족하는 서류제출
본인증	– 예비인증시와 동일

인증등급별 사례

최우수	· 광감지식 설치	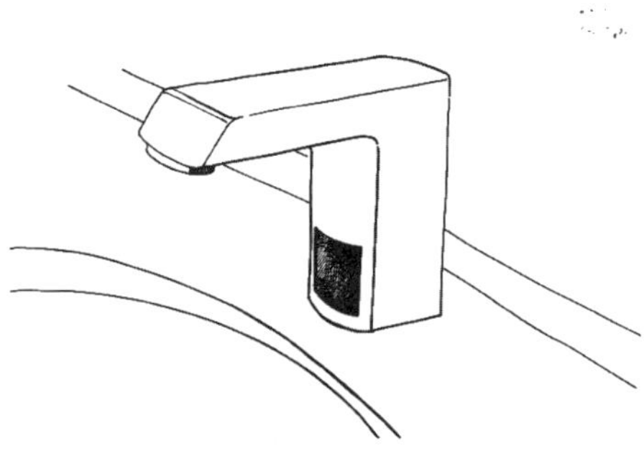
우수	· 누름버튼식·레버식 등 사용하기 쉬운 형태로 설치하며, 냉수·온수 점자표시	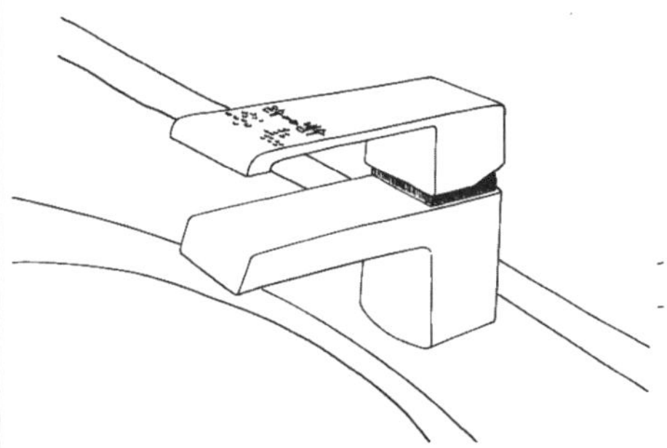

04
편의시설

4.1 접근 및 이용성 · 124

4.1.1 시설까지의 접근로 · 124

4.1.2 공원시설의 주출입구 · 128

4.2 공원시설 · 130

4.2.1 장애인을 배려한 공원(놀이공간) · 130

4.3 기타 설비 · 133

4.3.1 휴식공간 · 133

4.3.2 매표소, 판매기, 음료대 · 136

4.1 접근 및 이용성

4.1.1 시설까지의 접근로

세부 평가기준

- **평가목적** : 공원 내 시설은 장애인 등의 접근 및 이용이 가능하여 모두가 함께 공원을 즐길 수 있도록 계획되어야 함
- **평가방법** : 공원 내 시설의 접근하기 쉬운 위치에 있는지에 대한 평가
- **배　　점** : 1점 (평가항목)
- **산출기준 평점** : 시설위치의 평가등급에 해당하는 평가항목 점수로 평가

구분	시설까지의 접근로	점수
최우수	주 산책로에서 눈에 잘 뛰도록 위치 및 유도 안내 표시가 설치되어 있으며 안전보행로로 연결	1.0
우수	주 산책로와 이격되어 있으나 유도안내 표시가 설치되어 있으며 안전보행로로 연결	0.8
일반	주 산책로와 이격되어 있으나 안전보행로로 연결	0.7

- 주 산책로와 인접해 있다함은 주 산책로에서 시설의 입구가 바로 보임을 말함
- 주 산책로에서 따로 접근로를 두어 시설로 접근할 경우 접근로는 '1.1 보도 및 접근로' 3등급 이상의 기준을 따르며 3등급 미만일 경우 등급 미부여
- 공원시설이 없는 경우의 점수산정은 접근 및 이용성(4.1항목전체)을 제외한 공원시설의 편의성-공원시설 평가점수비율을 4.1 항목의 점수에 적용, 이를 평가점수로 산정함

$$\text{시설까지의 접근로부문의 평가점수} = B \times \left(\frac{C}{A-B}\right)$$

A : 공원시설의 편의성-공원시설 전체점수합계

B : 공원내 시설로의 접근 및 이용성부문 점수합계

C : 공원내 시설로의 접근 및 이용성을 제외한 공원시설의 편의성-공원시설 부문평가점수

관련법 및 제출서류

- **관련법**

「장애인·노인·임산부 등의 편의증진 보장에 관한 법률」 시행령 별표2 제2호
「장애인·노인·임산부 등의 편의증진 보장에 관한 법률」 시행규칙 별표1 제1호
1.1 접근로와 동일하게 적용

- **제출서류**

구분	제출서류
예비인증	– 공원 배치도 – 공원내 주요 보행로 상세도 – 경사로 상세도 – 바닥 마감 계획 상세도 ※ 위 제출서류 중 평가항목의 조건을 만족하는 서류제출
본인증	– 예비인증시와 동일

인증등급별 사례

최우수

주 산책로에서 눈에 띄도록 위치 및 유도 안내 표시가 설치되어 있으며 안전보행로로 연결

우수 주 산책로와 이격되어 있으나 유도안내 표시가 설치되어 있으며 안전보행로로 연결

일반 주 산책로와 이격되어 있으나 안전보행로로 연결

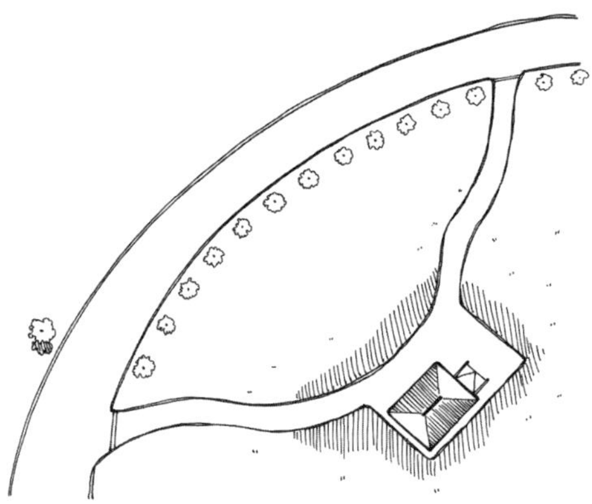

기타

1) 조회대

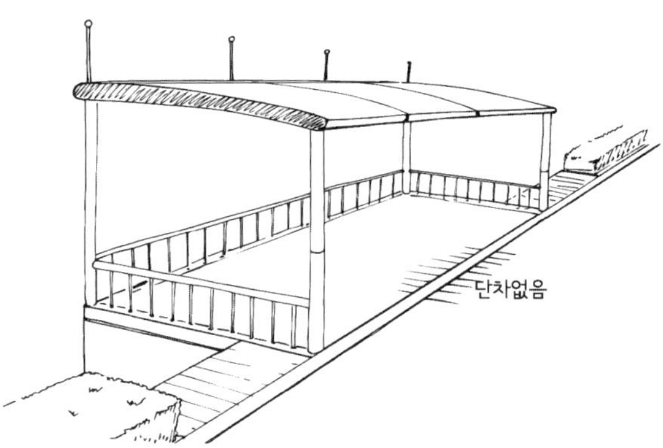

2) 휴게공간

· 쉘터 등 휴게공간의 경우 일부분은 휠체어 사용자가 이용 가능하도록 계획하고 휠체어가 회전할 수 있는 공간 확보 및 단차 없이 접근 가능하도록 설치하여야 한다.

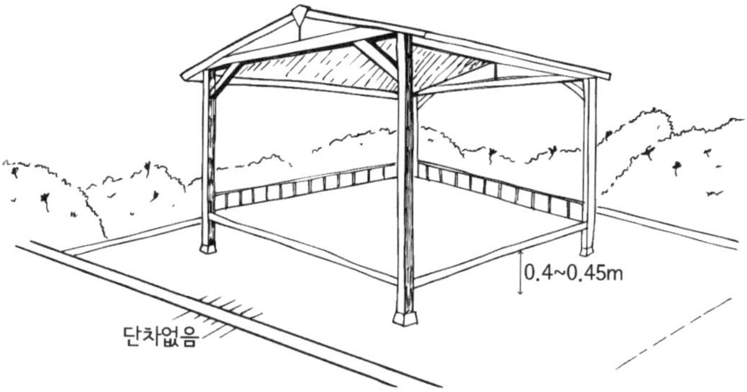

3)자전거 보관소 및 휴게시설

· 자전거 보관소 및 휴게시설(벤치)은 보행장애물이 되지 않도록 알코브(凸)방식으로 설치하여야 한다.

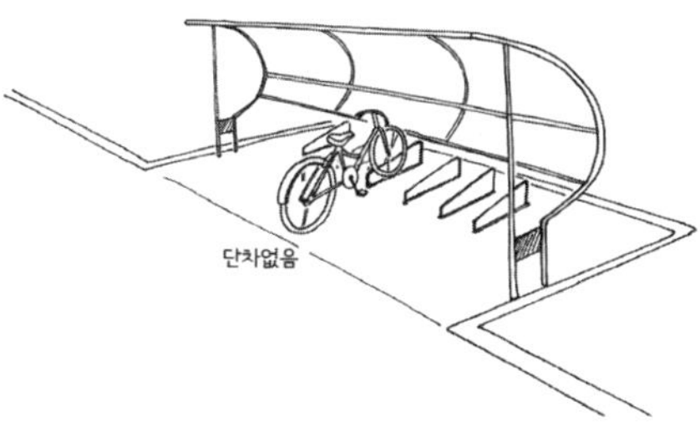

4.1.2 공원시설의 주출입구

세부 평가기준

- **평가목적** : 공원 내 시설은 장애인 등의 접근 및 이용이 가능하여 모두가 함께 공원을 즐길 수 있도록 계획되어야 함
- **평가방법** : 공원 시설의 주출입구로 안전하고 편리하게 접근하여 진입 가능한지 정도를 주출입구의 높이 차이와 기울기로 평가
- **배 점** : 2점 (평가항목)
- **산출기준 평점** : 주출입구 높이차이 및 경사로의 평가등급에 해당하는 평가항목 점수로 평가
- **세부항목** : 주출입구 높이차이

구분	주출입구 높이차이	점수
최우수	단차없이 수평접근	1.0
우수	0.75m이하 단차(경사로 설치)	0.8
일반	0.75m이상 단차(경사로 설치)	0.7

- **세부항목** : 주출입구 경사로 기울기

구분	주출입구 경사로 기울기	점수
최우수	단차없이 수평접근	1.0
우수	기울기 1/18(5.56%/3.18°)이하	0.8
일반	기울기 1/12(8.33%/4.76°)이하	0.7

– 주출입구에 높이차이가 있으나 불가피하게 경사로를 설치하지 못하고, 부출입구로 출입구 가능한 경우, 부출입구 이용에 대한 연속적인 안내 및 유도 표시가 마련된 경우에 한하여서 부출입구로 대체하여 평가가 가능함

– 공원시설이 여러 개일 경우 등급이 가장 낮은 것으로 평가

관련법 및 제출서류

• **관련법**

「장애인·노인·임산부 등의 편의증진 보장에 관한 법률」 시행령 별표2 제2호
「장애인·노인·임산부 등의 편의증진 보장에 관한 법률」 시행규칙 별표1 제5호

5. 높이차이가 제거된 건축물 출입구

가. 턱낮추기

건축물의 주출입구와 통로의 높이차이는 2센티미터 이하가 되도록 설치하여야 한다.

나. 휠체어리프트 또는 경사로 설치

휠체어리프트 및 경사로에 관한 세부기준은 제11호 및 제12호의 휠체어리프트 및 경사로에 관한 규정을 각각 적용한다.

• **제출서류**

예비인증	– 공원 배치도 – 공원시설 주출입구 평면도 – 주출입구 단면도 – 주출입구상세도 – 바닥 마감 계획 상세도 ※ 위 제출서류 중 평가항목의 조건을 만족하는 서류제출
본인증	– 예비인증시와 동일

인증등급별 사례

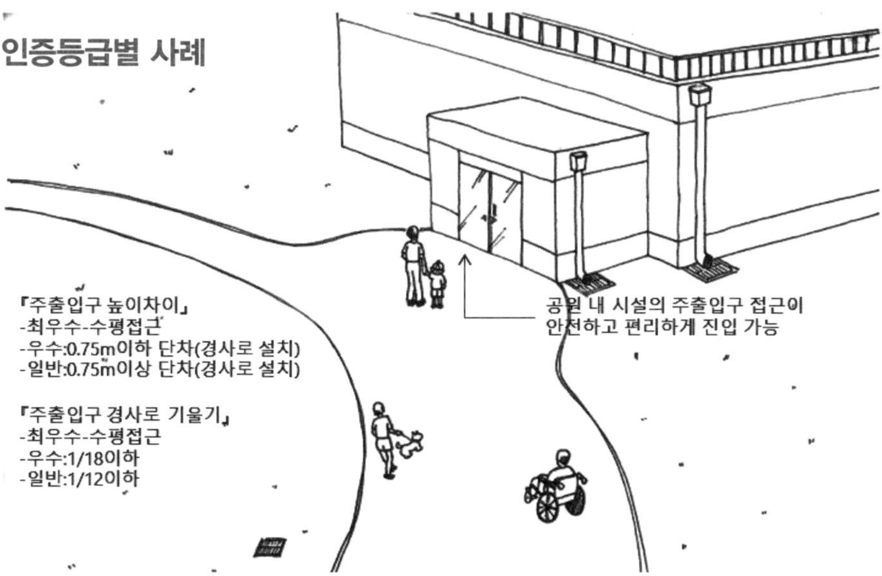

4.2 공원시설

4.2.1 장애인을 배려한 공원(놀이공간)

세부 평가기준

- **평가목적** : 공원 내 시설은 장애인 등의 접근 및 이용이 가능하여 모두가 함께 공원을 즐길 수 있도록 계획되어야 함
- **평가방법** : 장애인 등이 이용할 수 있는 화단 혹은 놀이 공간 등의 공원 시설 설치 여부
- **배 점** : 8점 (평가항목)
- **산출기준 평점** : 장애인을 배려한 공원시설에 대한 평가등급에 해당하는 평가항목 점수로 평가

구분	통합 혹은 장애인 전용 공원 놀이시설 등의 설치 여부	점수
최우수	통합시설로 설치	8.0
우수	부분적인 통합시설로 설치	6.4

- 통합시설이라 함은 장애인 비장애인의 구분 없이 모두가 이용하는데 차별이 없는 시설을 말함
- 장애인 등이 안전하게 이용 가능하다 함은 위험지역의 난간설치 계획, 위험지역에 대한 경고시설 설치가 포함되며 이는 모든 시설에 기본이 되어야 함
- 장애인 등이 접근하기 쉬운 시설은 시설의 이용에 있어 이동(수직 이동 포함)에 어려움이 없음을 말함

- **제출서류**

구분	제출서류
예비인증	– 공원 배치도 – 공원시설 주출입구 평면도 – 공원시설 평면도(배치도) – 장애인 배려 계획 상세도 – 바닥 마감 계획 상세도 ※ 위 제출서류 중 평가항목의 조건을 만족하는 서류제출
본인증	– 예비인증시와 동일

인증등급별 사례

최우수 통합시설로 설치

1)놀이공간

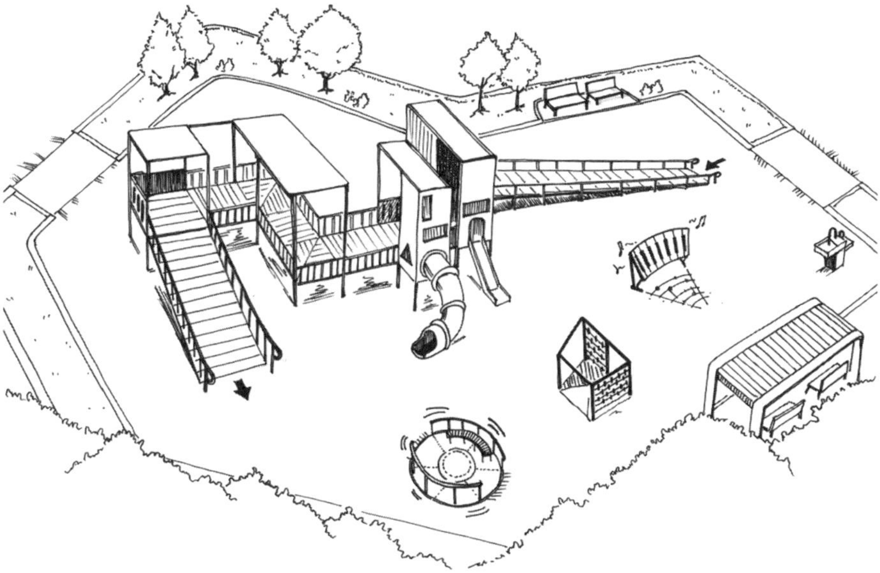

2)텃밭

· 텃밭의 접근로는 단차없이 계획하고 일부분의 하부공간을 확보하여 휠체어 사용자가 접근 가능하도록 한다.

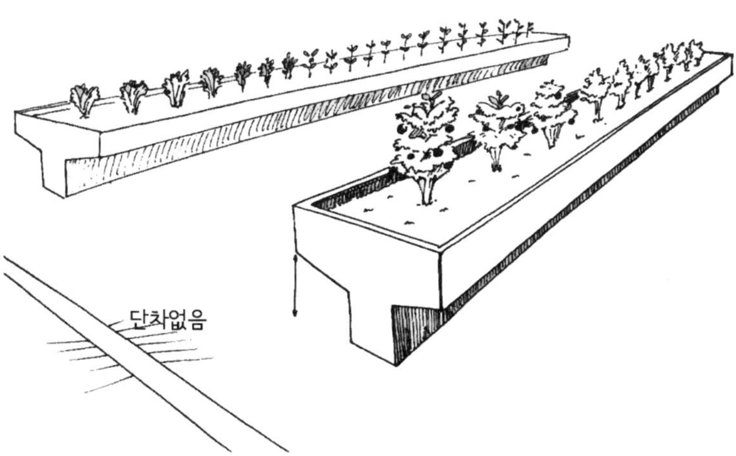

3)운동공간 및 놀이공간

· 운동공간 및 놀이공간과 접근로 바닥마감의 접점은 단차 없이 접근 가능하도록 계획한다.

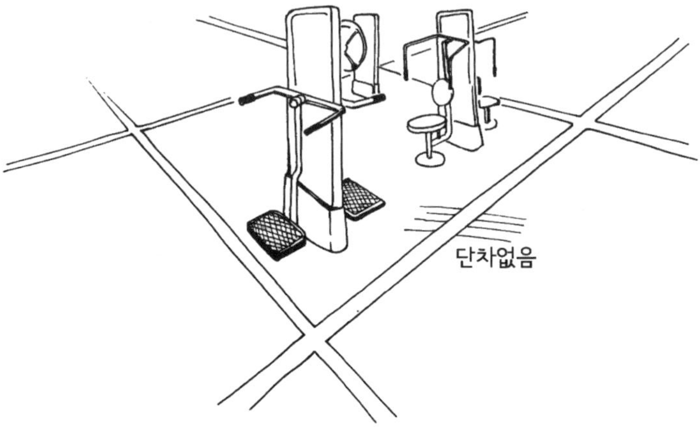

(게이트볼장)

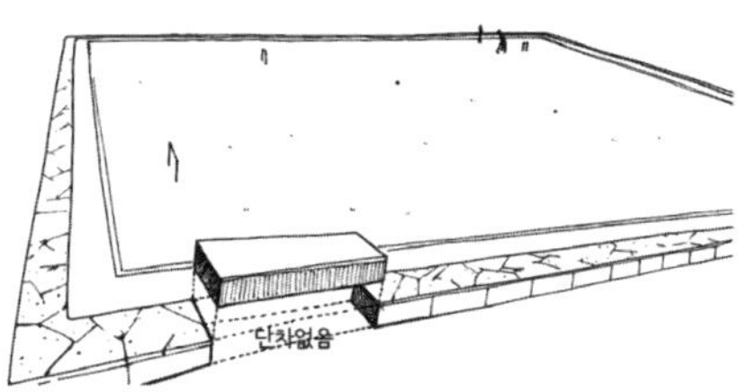

(모래놀이터)

4.3 기타 설비

4.3.1 휴식공간

세부 평가기준

- **평가목적** : 적절한 간격마다 휴식공간을 제공하여 휠체어사용자 등 모두가 함께 휴식을 할 수 있는 공원이 되어야 함
- **평가방법** : 장애인 등의 접근이 가능한 위치에 휴식공간 설치 여부
- **배 점** : 1점 (평가항목)
- **산출기준 평점** : 휴식공간에 대한 평가등급에 해당하는 평가항목 점수로 평가
- **세부항목** : 휴게시설의 설치방법

구분	휴게시설의 설치방법	점수
최우수	우수의 조건을 만족하며, 상부에 지붕 등을 설치함	0.6
우수	일반의 조건을 만족하며, 휠체어사용자와 비장애인의 휴식공간을 분리하지 않고 함께 휴식할 수 있는 공간	0.48
일반	휠체어의 진입이 가능하고, 휴식공간 내부에서 휠체어가 회전할 수 있는 공간 확보	0.42

- 보행자의 통행에 방해가 될 경우, 휴게시설은 보행장애물 중 하나로 취급되며, 그 평가 등급을 얻지 못함
- BF보행로가 지정되어 있을 경우 구간 내 휴게시설의 평균으로 평가하며, 지정되어 있지 않을 경우 공원전체 휴게시설의 평균으로 평가함

- **세부항목** : 휴게시설의 설치방법

구분	휴게의자의 구조	점수
최우수	등받이가 설치되어 있으며, 일어나기 편하도록 손잡이가 설치	0.4
우수	등받이가 설치	0.32

- BF보행로가 지정되어 있을 경우 구간 내 휴게의자의 평균으로 평가하며, 지정되어 있지 않을 경우 공원전체 휴게의자의 평균으로 평가함

• **제출서류**

예비인증	– 공원 배치도 – 벤치 상세도 – 벤치 주변 접근로 상세도 – 바닥 마감 계획 상세도 ※ 위 제출서류 중 평가항목의 조건을 만족하는 서류제출
본인증	– 예비인증시와 동일

인증등급별 사례

최우수 우수의 조건을 만족하며, 상부에 지붕 등을 설치함

우수 일반의 조건을 만족하며, 휠체어사용자와 비장애인의 휴식공간을 분리하지 않고 함께 휴식할 수 있는 공간

일반 휠체어의 진입이 가능하고, 휴식공간 내부에서 휠체어가 회전할 수 있는 공간 확보

[휴게의자의 구조]

최우수 등받이가 설치되어 있으며, 일어나기 편하도록 손잡이가 설치

우수 등받이가 설치

4.3.2 매표소, 판매기, 음료대

세부 평가기준

- **평가목적** : 매표소, 판매기, 음료대 등은 장애인 등이 이용하기에 적정한 구조로 되어 있어야 함
- **평가방법** : 장애인 등이 이용 가능한 매표소, 판매기, 음료대의 적정 구조 여부
- **배　　점** : 2점 (평가항목)
- **산출기준 평점** : 매표소, 판매기, 음료대에 대한 평가등급에 해당하는 평가항목 점수로 평가

구분	매표소	점수
최우수	우수의 조건을 만족하며 시설까지 유도 안내시설 설치	2.0
우수	일반의 조건을 만족하며 매표소 앞 점형블록 설치	1.6
일반	상단높이 0.7m~0.9m, 하부높이 0.65m이상, 깊이 0.45m이상 확보	1.4

구분	판매기	점수
최우수	판매기의 동전투입구·조작버튼·상품출구의 높이는 0.4m~1.2m로 하며, 0.3m 전면에는 점형블록을 설치하거나 바닥재의 질감을 달리하고, 조작버튼에는 품목·금액·목적지 등을 점자로 표시함	2.0

구분	음료대	점수
최우수	우수의 조건을 만족하며 음료대 주변구역의 바닥 재질을 달리 마감하여 위치 안내	2.0
우수	일반의 조건을 만족하며 광감지식 조작기 설치	1.6
일반	휠체어의 접근이 가능한 위치에 설치 분출구의 높이는 0.7m~0.8m이내에 설치휠체어바퀴가 들어갈 수 있는 하부공간 확보레버식 조작기 설치	1.4

– 매표소, 판매기, 음료대 3개 시설 평가 중 최하 등급인 시설로 4.3.2 항목 평가

관련법 및 제출서류

- **관련법**

「장애인·노인·임산부 등의 편의증진 보장에 관한 법률」 시행령 별표2 제2호

「장애인·노인·임산부 등의 편의증진 보장에 관한 법률」 시행규칙 별표1 제22호

22. 장애인 등의 이용이 가능한 매표소·판매기 또는 음료대

가. 활동공간

매표소·판매기 또는 음료대의 전면에는 휠체어를 탄 채 접근이 가능한 활동공간을 확보하여야 한다.

나. 구조

(1) 매표소의 높이는 바닥면으로부터 0.7미터 이상 0.9미터 이하로 하여야 하며, 하부에는 무릎 및 휠체어의 발판이 들어갈 수 있도록 바닥면으로부터 0.65미터 이상, 깊이 0.45미터 이상의 공간을 확보하여야 한다.

(2) 자동판매기 또는 자동발매기의 동전투입구·조작버튼·상품출구의 높이는 0.4미터 이상 1.2미터 이하로 하여야 한다.

(3) 음료대의 분출구의 높이는 0.7미터 이상 0.8미터 이하로 하여야 한다.

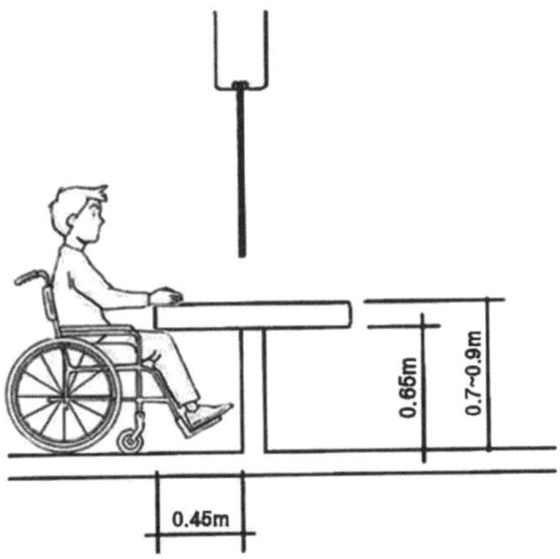

다. 기타 설비

(1) 자동판매기 및 자동발매기의 조작버튼에는 품목·금액·행선지 등을 점자로 표시하여야 한다.

(2) 음료대의 조작기는 광감지식·누름버튼식·레버식 등 사용하기 쉬운 형태로 설치하여야 한다.

(3) 매표소 또는 자동발매기의 0.3미터 전면에는 점형블록을 설치하거나 시각장애인이 감지할 수 있도록 바닥재의 질감등을 달리하여야 한다.

• **제출서류**

예비인증	– 공원 배치도 – 매표소 상세도 – 자동판매기 또는 자동발매기 상세도 – 음료대 상세도 ※ 위 제출서류 중 평가항목의 조건을 만족하는 서류제출
본인증	– 예비인증시와 동일

인증등급별 사례

매표소

· 상단높이 0.7m~0.9m, 하부높이 0.65m이상, 깊이 0.45m이상 확보

· 매표소 앞 점형블록 설치 및 시설까지 유도 안내시설 설치

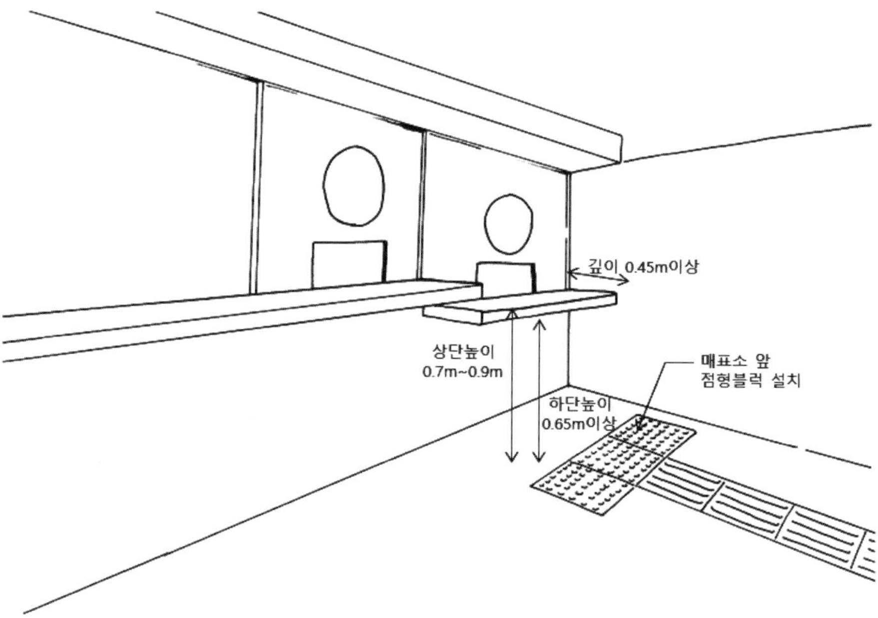

판매기

· 판매기의 동전투입구·조작버튼·상품출구의 높이는 0.4m~1.2m로 하며, 0.3m 전면에는 점형블록을 설치하거나 바닥재의 질감을 달리하고, 조작버튼에는 품목·금액·목적지 등을 점자로 표시함

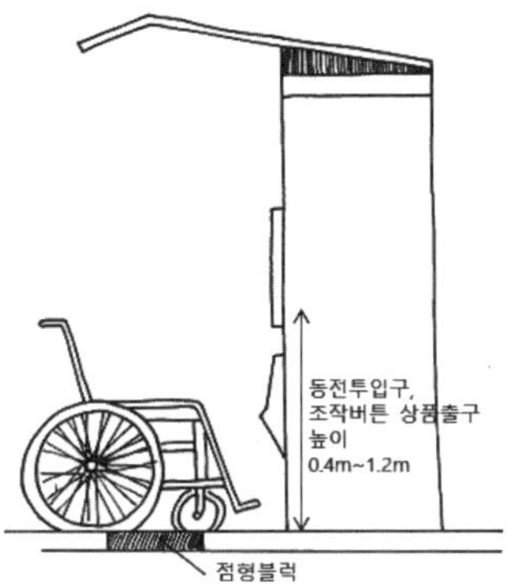

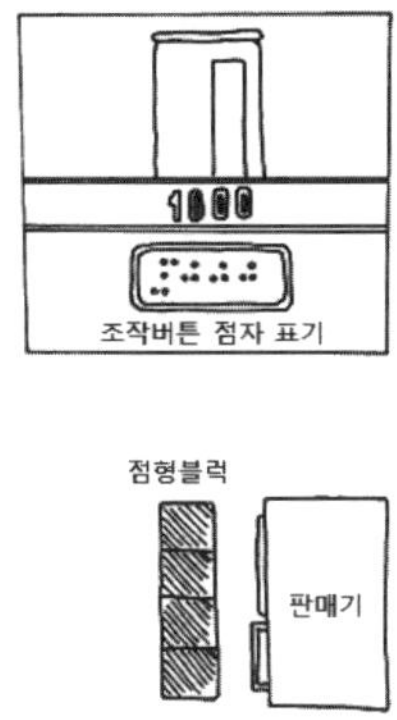

음료대

· 휠체어의 접근이 가능한 위치에 설치

· 분출구의 높이는 0.7m~0.8m이내에 설치

· 휠체어바퀴가 들어갈 수 있는 하부공간 확보

· 레버식 조작기 설치

· 광감지식 조작기 설치

· 음료대 주변구역의 바닥 재질을 달리 마감하여 위치 안내

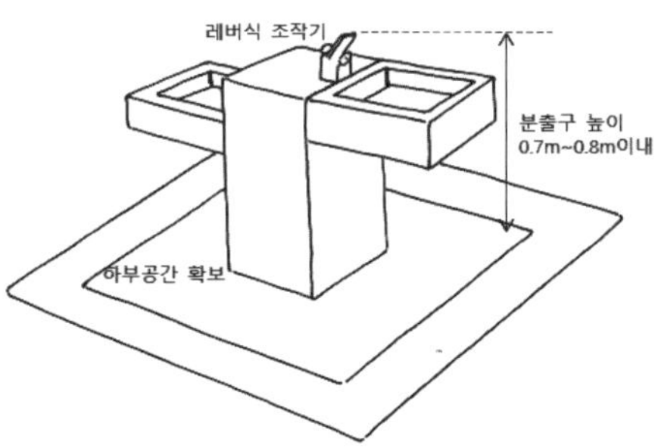

05
BF보행의 연속성

5.1 공원 내부 보행로 • 142

5.1.1 BF보행로의 지정 • 142
5.1.2 보행 안전 공간 • 144
5.1.3 단차 • 146
5.1.4 기울기 • 148
5.1.5 바닥 마감 • 150
5.1.6 자전거 도로와의 접점 • 152
5.1.7 보행 유도의 연속성 • 154

5.1 공원 내부 보행로

5.1.1 BF보행로의 지정

세부 평가기준

- **평가목적** : 보행로의 안전성과 연속성을 확보하도록 함
- **평가방법** : 내부 산책로 중 출입구–공원시설 간을 연결하는 주요보행로를 BF보행로로의 지정여부
- **배　　점** : 2점 (평가항목)
- **산출기준 평점** : 공원 내 BF보행로의 지정여부 평가 등급에 해당하는 평가항목 점수로 평가

구분	BF보행로의 지정	점수
최우수	우수의 조건을 만족하며 유도 안내의 연속성도 확보	2.0
우수	주출입구에서부터 공원내부 및 주요공원시설(화장실 등)간을 연결하여 돌아 나올 수 있는 연속된 BF보행로 지정	1.6
일반	주출입구에서부터 공원내부를 돌아 나올 수 있는 하나의 연속된 BF보행로 지정	1.4

– 주요 산책로 등을 BF보행로로 지정하고 이외의 다른 보행로는 경사도 및 재질 등을 평가하지 않게 함으로 인하여 보행로의 선택이 가능하도록 하여 좀 더 다양한 공원을 만들기 위한 배려임

– 최우수에서 말하는 유도 안내의 연속성의 확보는 BF보행유도의 연속성 및 주요 BF보행로 상에 위치한 시설의 안내 및 주출입구에서부터 안내(시각장애인 및 청각장애인 배려한 음성안내, 촉지도식 안내판, 눈에 잘 띄게 디자인된 표지판의 연속된 설치 등)가 되어 사람들이 쉽게 인지할 수 있어야 함

– BF보행로의 지정 여부에 대해 주출입구에서는 시각장애인 등이 인지할 수 있도록 안내표시가 되어야 함

• **제출서류**

예비인증	– 공원 배치도 – 공원내 주요 보행로 상세도 – 바닥 마감 계획 상세도 ※ 위 제출서류 중 평가항목의 조건을 만족하는 서류제출
본인증	– 예비인증시와 동일

인증등급별 사례

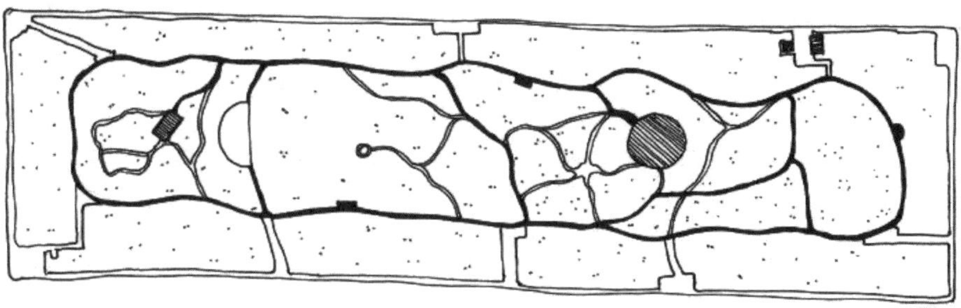

■ BF보행로

주출입구에서부터 공원내부 및 주요공원시설(화장실 등)간을 연결하여 돌아 나올 수 있는 연속된 BF보행로 지정하며 유도 안내의 연속성도 확보

5.1.2 보행 안전 공간

세부 평가기준

- **평가목적** : 보행로의 유효폭과 높이를 평가하여 장애물 없는 안전한 보행로를 확보하도록 하기위함
- **평가방법** : 내부 보행로에서 수직 수평의 3차원적인 무장애 보행공간의 확보여부
- **배　　점** : 6점 (평가항목)
- **산출기준 평점** : 보행로 폭과 높이의 평가 등급에 해당하는 평가항목 점수로 평가

구분	보행안전 공간	점수
최우수	우수의 조건을 만족하며 보행로 유효폭 1.8m이상	6.0
우수	일반의 조건을 만족하며 보행로 유효폭 1.5m이상	4.8
일반	주요 산책로에 높이 2.5m이상, 유효폭 1.2m이상의 무장애 공간확보	4.2

- 지정된 BF보행로를 평가하며, 보행로 미지정시 전체 보행로를 평가
- 보행로의 유효폭은, 대지내 보행로 중에 가장 유효폭이 좁은 곳을 기준으로 평가함
- 보행로 유효폭 1.5m미만의 보행로가 50m이상 연속될 경우 1.5m×1.5m이상의 교행구간을 50m이내마다 설치하여야 함(교행구간 미설치시 등급 미부여)

관련법 및 제출서류

- **관련법**

「장애인·노인·임산부 등의 편의증진 보장에 관한 법률」 시행령 별표2 제2호

「장애인·노인·임산부 등의 편의증진 보장에 관한 법률」 시행규칙 별표1 제1호

- **제출서류**

구분	제출서류
예비인증	- 공원 배치도 - 공원내 주요 보행로 상세도 - 바닥 마감 계획 상세도 ※ 위 제출서류 중 평가항목의 조건을 만족하는 서류제출
본인증	- 예비인증시와 동일

인증등급별 사례

최우수	· 우수의 조건을 만족하며 보행로 유효폭 1.8m이상	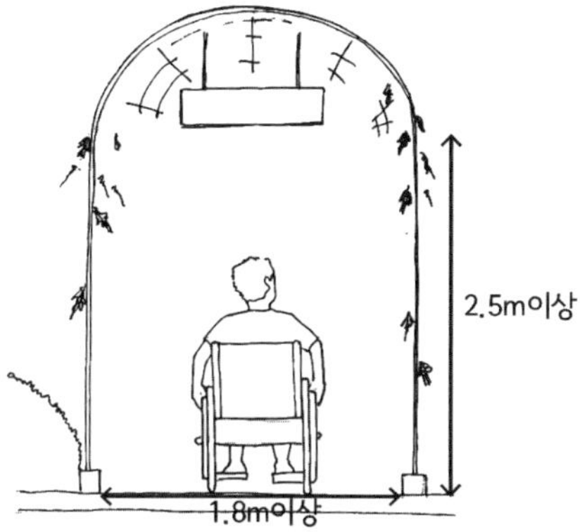
우수	· 일반의 조건을 만족하며 보행로 유효폭 1.5m이상	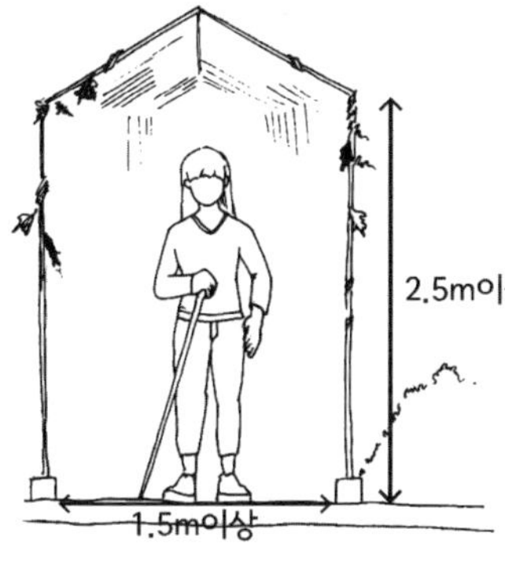
일반	· 주요 산책로에 높이 2.5m이상, 유효폭 1.2m이상의 무장애 공간확보	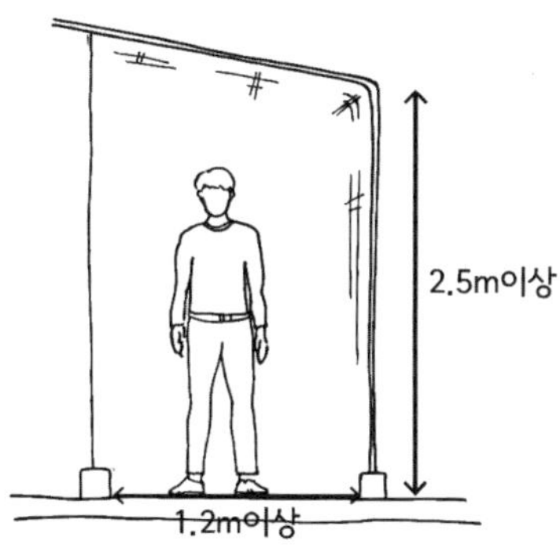

5.1.3 단차

세부 평가기준

- **평가목적** : 공원의 산책로는 장애인 등에게 있어 안전보행로가 되어야 하며, 그 보행로는 BF연속성을 가져야 함
- **평가방법** : 공원 내의 모든 보행로 및 접근로의 단차 여부
- **배 점** : 1점 (평가항목)
- **산출기준 평점** : 보행로 단차의 평가등급에 해당하는 평가항목 점수로 평가

구분	단차	점수
최우수	모든 보행로에 단차 전혀 없음	1.0
우수	모든 보행로에 단차 2cm이하	0.8

– 지정된 BF보행로를 평가하며, 보행로 미지정시 전체 보행로를 평가

– 보행로의 단차는, 대지내의 보행로에 단차가 있는 경우 단차가 제일 큰 곳을 기준으로 평가함

– 보행로에 2cm이상의 단차가 있으나 턱낮추기를 통하여 단차를 극복한 경우 최하등급으로 평가함

관련법 및 제출서류

- **관련법**

「장애인·노인·임산부 등의 편의증진 보장에 관한 법률」 시행령 별표2 제2호

「장애인·노인·임산부 등의 편의증진 보장에 관한 법률」 시행규칙 별표1 제1호

- **제출서류**

예비인증	– 공원 배치도 – 공원내 주요 보행로 상세도 – 바닥 마감 계획 상세도 ※ 위 제출서류 중 평가항목의 조건을 만족하는 서류제출
본인증	– 예비인증시와 동일

인증등급별 사례

<table>
<tr><td>최우수</td><td>· 모든 보행로에 단차 전혀 없음</td><td>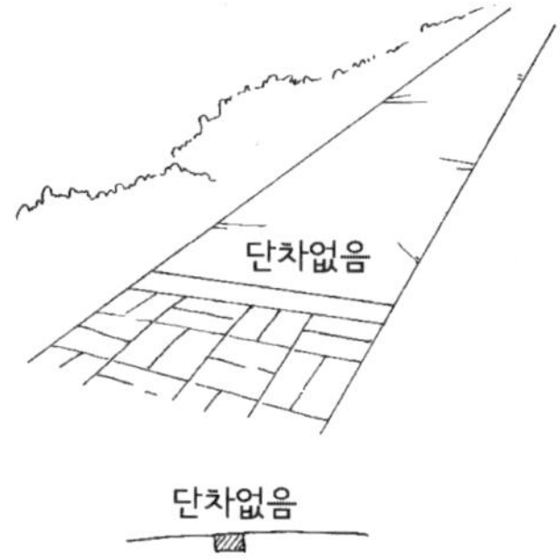
</td></tr>
<tr><td>우수</td><td>· 모든 보행로에 단차 2cm이하</td><td>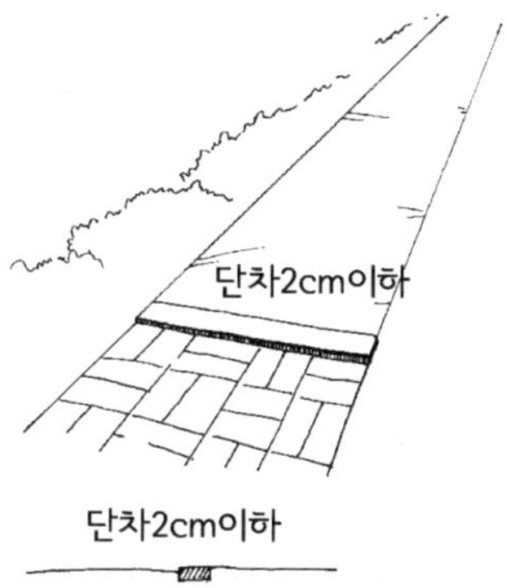
</td></tr>
</table>

5.1.4 기울기

세부 평가기준

- **평가목적** : 공원의 산책로는 장애인 등에게 있어 안전보행로가 되어야 하며, 그 보행로는 BF연속성을 가져야 함
- **평가방법** : 보행로 등의 진행 방향 및 좌우 기울기의 경사정도
- **배　　점** : 5점 (평가항목)
- **산출기준 평점** : 보행로 기울기 평가등급에 해당하는 평가항목 점수로 평가

구분	단차	점수
최우수	좌우 1/50(2%/1.15°)이하, 진행방향 기울기 1/24(4.17%/2.39°)이하	5.0
우수	좌우 1/24(4.17%/2.39°)이하, 진행방향 기울기 1/18(5.56%/3.18°) 이하	4.0

– 지정된 BF보행로를 평가하며, 보행로 미지정시 전체 보행로를 평가

– 보행로의 기울기는 대지내의 보행로에 경사가 있는 경우 경사가 제일 급한 곳을 기준으로 평가함

관련법 및 제출서류

- **관련법**

「장애인·노인·임산부 등의 편의증진보장에 관한 법률」 시행령 별표2 제2호

「장애인·노인·임산부 등의 편의증진보장에 관한 법률」 시행규칙 별표1 제1호

- **제출서류**

구분	제출서류
예비인증	– 공원 배치도 – 공원내 주요 보행로 상세도 – 경사로 상세도 – 바닥 마감 계획 상세도 ※ 위 제출서류 중 평가항목의 조건을 만족하는 서류제출
본인증	– 예비인증시와 동일

인증등급별 사례

최우수	· 좌우1/50(2%/1.15°) 이하, 진행방향 기울기 1/24(4.17%/2.39°) 이하	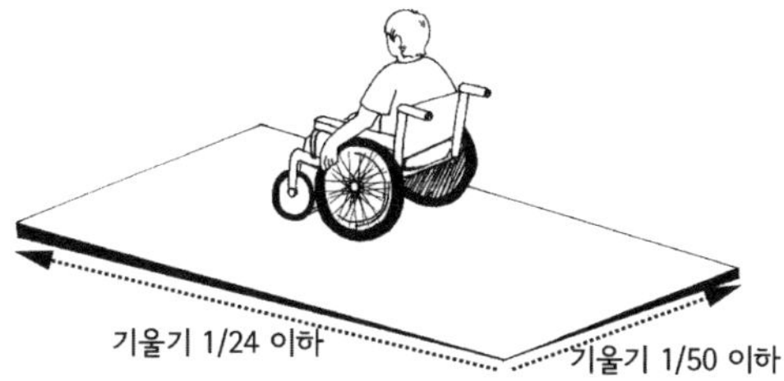
우수	· 좌우 1/24(4.17%/2.39°) 이하, 진행방향 기울기 1/18(5.56%/3.18°) 이하	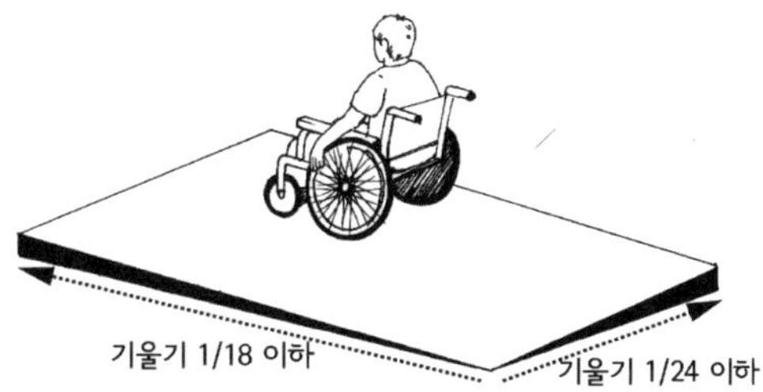

5.1.5 바닥 마감

세부 평가기준

- **평가목적** : 공원의 산책로는 장애인 등에게 있어 안전보행로가 되어야 하며, 그 보행로는 BF연속성을 가져야 함
- **평가방법** : 미끄럽지 않은 바닥 재질 및 마감의 평탄한 정도와 미끄럼방지설비 설치 여부 평가
- **배 점** : 2점 (평가항목)
- **산출기준 평점** : 보행로 바닥 마감의 평가등급에 해당하는 평가항목 점수로 평가

구분	바닥 마감	점수
최우수	우수의 조건을 만족하며, 넘어져도 충격이 적은재료로 마감	2.0
우수	일반의 조건을 만족하며, 틈새가 전혀 없이 평탄하게 마감	1.6
일반	물이 묻어도 전혀 미끄럽지 않고 걸려 넘어질 염려 없으며 틈새가 없이 평탄하게 마감	1.4

– 지정된 BF보행로를 평가하며, 보행로 미지정시 전체 보행로를 평가

– 보행로의 바닥이 여러 재료로 마감되어 있는 경우 그 마감 정도가 가장 미비한 곳을 기준으로 평가함

관련법 및 제출서류

- **관련법**

「장애인·노인·임산부 등의 편의증진 보장에 관한 법률」 시행령 별표2 제2호

「장애인·노인·임산부 등의 편의증진 보장에 관한 법률」 시행규칙 별표1 제1호

- **제출서류**

구분	내용
예비인증	– 공원 배치도 – 공원내 주요 보행로 상세도 – 경사로 상세도 – 바닥 마감 계획 상세도 ※ 위 제출서류 중 평가항목의 조건을 만족하는 서류제출
본인증	– 예비인증시와 동일

인증등급별 사례

등급	사례
최우수	· 넘어져도 충격이 적은재료로 마감 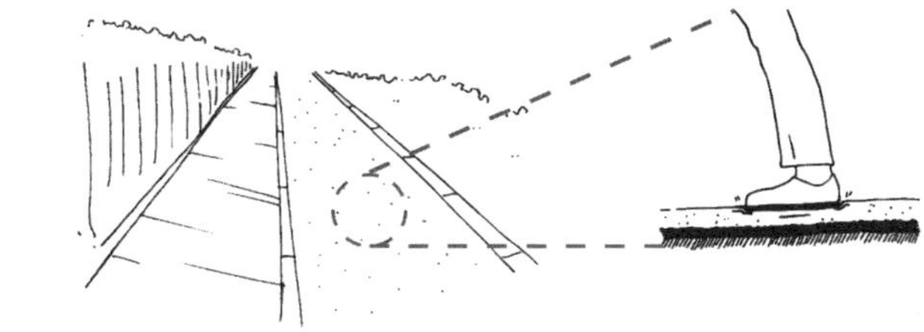
우수	· 틈새가 전혀 없이 평탄하게 마감 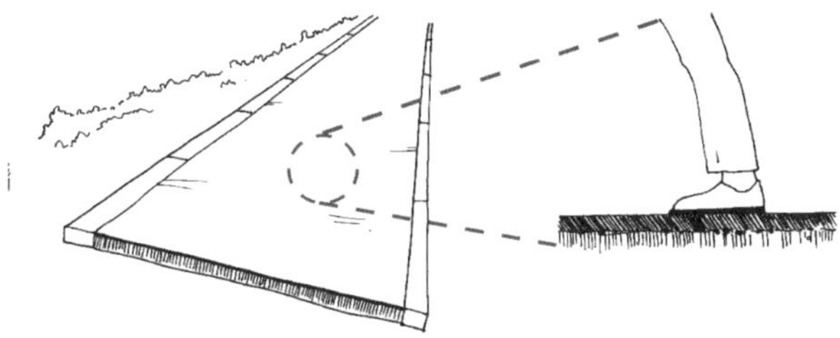
일반	· 물이 묻어도 전혀 미끄럽지 않고 걸려 넘어질 염려 없으며 틈새가 없이 평탄하게 마감 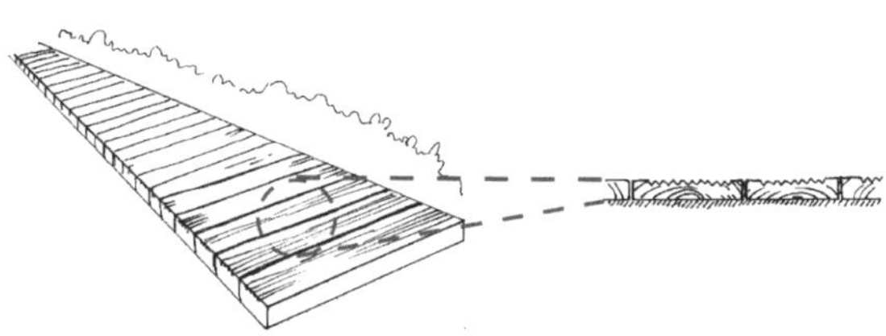 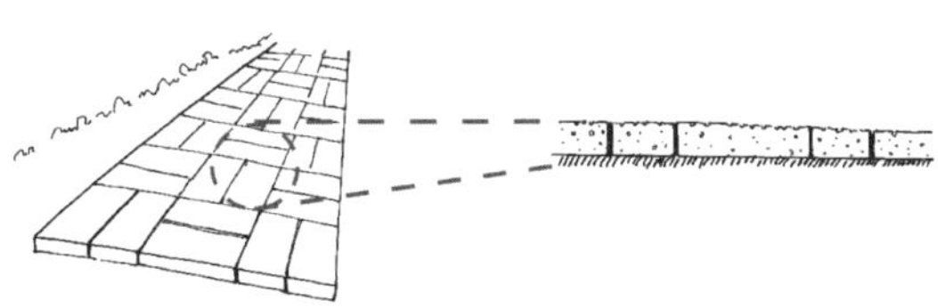

5.1.6 자전거 도로와의 접점

세부 평가기준

- **평가목적** : 공원의 산책로는 장애인 등에게 있어 안전보행로가 되어야 하며, 그 보행로는 BF연속성을 가져야 함
- **평가방법** : 자전거도로와의 접점 없이 연속적인 안전보행로의 확보여부
- **배　　점** : 2점 (평가항목)
- **산출기준 평점** : 자전거와의 접점 여부의 평가등급에 해당하는 평가항목 점수로 평가

구분	보행로와 자전거도로와의 접점	점수
최우수	전체 보행구간에 자전거도로와의 교행 없음	2.0
우수	보행구간에 자전거도로와의 교행 있을시 적절한 경고와 보행자 우선(고원식 횡단보도 등)의 계획수립	1.6
일반	보행구간에 자전거도로와의 교행 있을시 위험에 대한 경고시설 설치	1.4

– 지정된 BF보행로를 평가하며, 보행로 미지정시 전체 보행로를 평가

– 자전거도로와의 교행에서 위험에 대한 경고는 보행자(시각장애인)가 명확히 인지 가능하도록 다른 마감 재질 혹은 색상의 구별이 가능한 재질로 설치

관련법 및 제출서류

- **관련법**

「장애인·노인·임산부 등의 편의증진 보장에 관한 법률」 시행령 별표2 제2호
「장애인·노인·임산부 등의 편의증진 보장에 관한 법률」 시행규칙 별표1 제1호

- **제출서류**

구분	제출서류
예비인증	– 공원 배치도 – 공원내 주요 보행로 상세도 – 경사로 상세도 – 바닥 마감 계획 상세도 ※ 위 제출서류 중 평가항목의 조건을 만족하는 서류제출
본인증	– 예비인증시와 동일

인증등급별 사례

최우수	· 전체 보행구간에 자전거도로와의 교행 없음	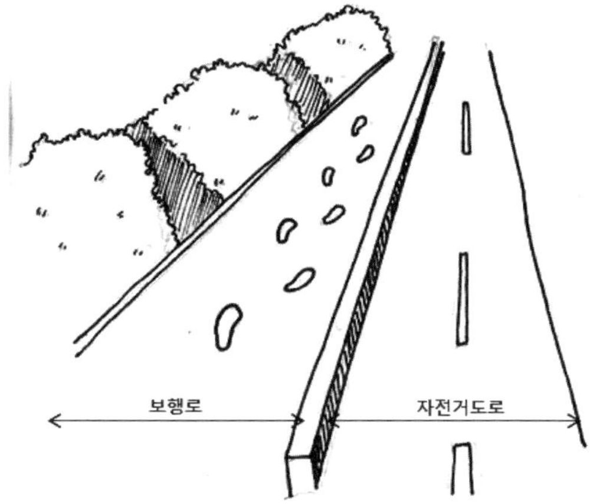
우수	· 보행구간에 자전거도로와의 교행 있을시 적절한 경고와 보행자 우선(고원식 횡단보도 등)의 계획수립	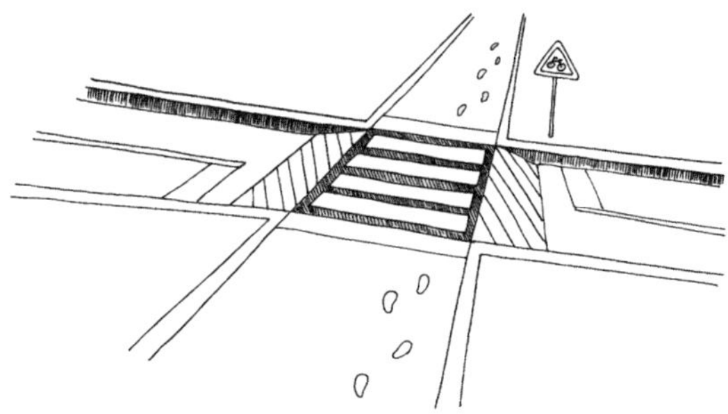
일반	· 보행구간에 자전거도로와의 교행 있을시 위험에 대한 경고시설 설치	

5.1.7 보행 유도의 연속성

세부 평가기준

- **평가목적** : 공원의 산책로는 장애인 등에게 있어 안전보행로가 되어야 하며, 그 보행로는 BF연속성을 가져야 함
- **평가방법** : 시각장애인 등을 배려한 보행유도의 연속성을 위한 장치나 시설계획 여부
- **배　　점** : 10점 (평가항목)
- **산출기준 평점** : 보행유도의 연속성을 위한 장치나 시설계획 평가등급에 해당하는 평가항목 점수로 평가

구분	보행유도의 연속성	점수
최우수	시각장애인 및 일반인의 보행유도를 위해 연속적인 물길, 보행로와 어울리는 유도레일 등을 설치하여 보행유도	10.0
우수	시각장애인의 보행유도 및 시설안내를 위해 전자식 신호장치를 설치	8.0
일반	시각장애인의 유도 및 경고를 위하여 전체구간 보도의 양 옆으로 보행 유도존을 설치	7.0

– 지정된 BF보행로를 평가하며, 보행로 미지정시 전체 보행로를 평가함
– 유도용 선형블록을 이용한 보행유도 지양함
– 보행 유도존이라 함은 보행안전공간 양 측에 경계용 공간을 두어 시각장애인의 보행을 유도하는 존을 말함
– 공원 주출입구에서의 길 찾기를 최우선으로 검토(공원내부에서 주출입구까지 들어갔다 나가는 동선의 유도 연속성 확보여부)

관련법 및 제출서류

- **관련법**

「장애인·노인·임산부 등의 편의증진 보장에 관한 법률」 시행령 별표2 제2호
「장애인·노인·임산부 등의 편의증진 보장에 관한 법률」 시행규칙 별표1 제17호

17. 시각장애인 유도·안내설비

가. 점자안내판 또는 촉지도식 안내판

(1) 점자안내판 또는 촉지도식 안내판에는 주요시설 또는 방의 배치를 점자, 양각면 또는 선으로 간략하게 표시하여야 한다.

(2) 일반안내도가 설치되어 있는 경우에는 점자를 병기하여 점자안내판에 갈음할 수 있다.

(3) 점자안내판 또는 촉지도식 안내판은 점자안내표시 또는 촉지도의 중심선이 바닥면으로부터 1.0미터 내지 1.2미터의 범위안에 있도록 설치하여야 한다. 다만, 점자안내판 또는 촉지도식 안내판을 수직으로 설치하거나 점자안내표시 또는 촉지도의 내용이 많아 1.0미터 내지 1.2미터의 범위 안에 설치하는 것이 곤란한 경우에는 점자안내표시 또는 촉지도의 중심선이 1.0미터 내지 1.5미터의 범위에 있도록 설치할 수 있다.

나. 음성안내장치

시각장애인용 음성안내장치는 주요시설 또는 방의 배치를 음성으로 안내하여야 한다.

다. 기타 유도신호장치

시각장애인용 유도신호장치는 음향·시각·음색 등을 고려하여 설치하여야 하고, 특수신호장치를 소지한 시각장애인이 접근할 경우 대상시설의 이름을 안내하는 전자식 신호장치를 설치할 수 있다.

• **제출서류**

예비인증	– 공원 배치도 – 공원내 주요 보행로 상세도 – 경사로 상세도 – 바닥 마감 계획 상세도 ※ 위 제출서류 중 평가항목의 조건을 만족하는 서류제출
본인증	– 예비인증시와 동일

인증등급별 사례

최우수 시각장애인 및 일반인의 보행유도를 위해 연속적인 물길, 보행로와 어울리는 유도레일 등을 설치하여 보행유도

우수 시각장애인의 보행유도 및 시설안내를 위해 전자식 신호장치를 설치

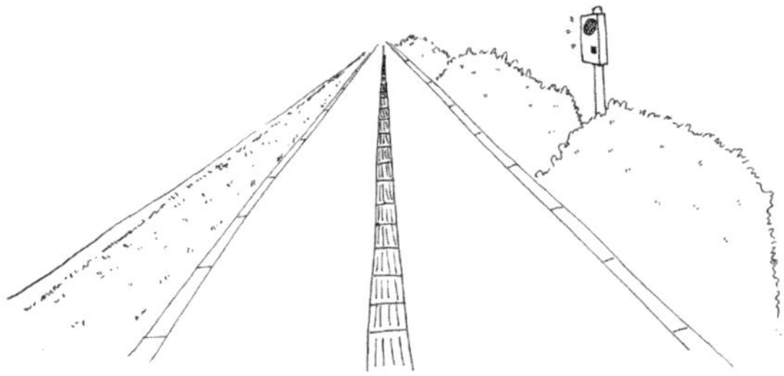

일반 시각장애인의 유도 및 경고를 위하여 전체구간 보도의 양 옆으로 보행 유도존을 설치

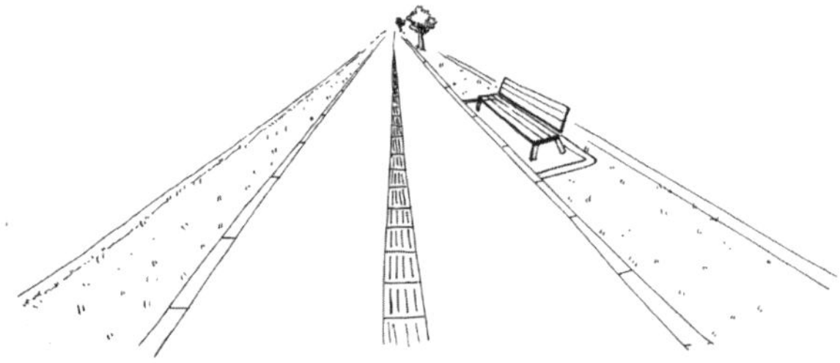

PART 3.

부 록

01 용어의 정의 • *158*

02 관련법령 • *163*

01
용어의 정의

다목적화장실

남녀 구분없이 설치하여 장애인뿐만 아니라 가족 혹은 보호자와 함께 사용가능한 화장실을 말함

장애물 없는 생활환경 인증제도 자체평가서(공원)

보행유도존

보행안전공간 양 측에 경계용 공간을 두어 시각장애인의 보행을 유도하는 존을 말함

장애물 없는 생활환경 인증제도 자체평가서(공원)

장애물 구역

장애물 구역은 일정구역을 지정하여 보도의 각종설치물의 설치장소로 활용하는 것을 말함

장애물 없는 생활환경 인증제도 자체평가서(공원)

장애인 등

'장애인 등'이란 장애인, 노인, 임산부 등 일상생활에서 이동, 시설 이용 및 정보접근 등에 불편을 느끼는 사람을 말한다.

「장애인, 노인, 임산부 등의 편의증진보정에 관한 법률」제2조제1항

접근로

대상시설 외부에서 건축물의 출입구에 이르는 모든 범위를 말한다.

「장애인, 노인, 임산부 등의 편의증진보장에 관한 법률」시행령[별표2] 대상시설별 편의시설의 종류 및 설치기준 제3호가목(1)

보행장애물

보도 등에 설치된 가로등, 전주, 가로수 등으로 장애인등의 보도 상 통행에 지장을 주는 시설물을 지칭하는 것으로 모든 노상시설을 포함하는 개념으로 한다.

시각장애인 편의시설 설치 매뉴얼 2017. 12.(공공건물, 공원, 공동주택)

점자블록

시각장애인의 보행 상태에서 주로 발바닥이나 지팡이의 촉감으로 그 존재와 대략적인 형상을 확인할 수 있는 시설로 정해진 정보를 판독할 수 있도록 그 표면에 돌기를 붙인 것을 말하며, 위치 감지용 점형블록과 방향 유도용 선형블록이 있다.

시각장애인 편의시설 설치 매뉴얼 2017. 12. (공공건물, 공원, 공동주택)

경사로

계단이 설치된 육교나 지하도, 건물 진입로 등에 계단을 이용하기 어려운 장애인등의 원활한 통행을 돕기 위해서 설치하는 완만한 기울기를 가진 시설물을 말한다.

시각장애인 편의시설 설치 매뉴얼 2017. 12. (공공건물, 공원, 공동주택)

경사로의 기울기

경사로의 기울기는 1/A의 형식으로 말하며, 1의 높이를 해소하기 위해 A의 거리가 필요함을 나타낸다. 예를 들면 1/12의 경사로는 100mm의 높이를 해소하는데 1,200mm의 거리로부터 경사로가 시작됨을 의미한다.

장애인 편의시설 상세표준도 (2016. 12. 31)

고원식(高原式) 횡단보도

교통약자의 통행이 빈번한 구간, 보행자우선도로와 교차하는 지점, 자동차 출입시설이나 주거단지의 진입로 등 보행자의 안전과 보행경로의 연속성을 우선적으로 고려할 필요가 있는 경우에는 노면을 보도와 동일한 높이로 연결하는 것을 말한다.

「도시, 군계획시설의 결정, 구조 및 설치기준에 관한 규칙」(2019. 3. 20.)일부 발췌

이용자 특성을 고려한 필요공간

장애인 편의시설 상세표준도(보건복지부, 한국장애인개발원 2019년 3월 개정)

1. 시각장애인

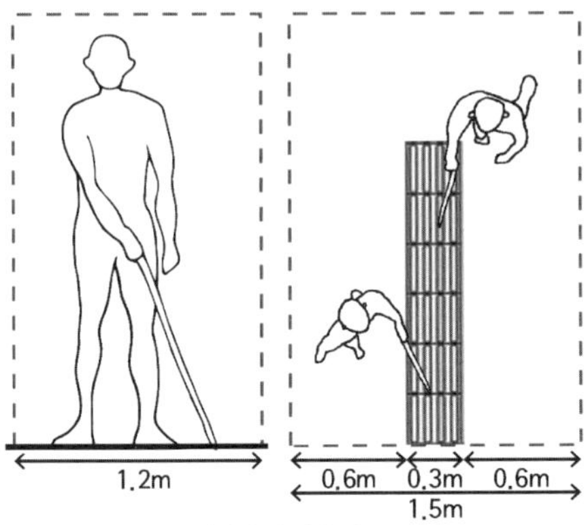

흰지팡이 사용자

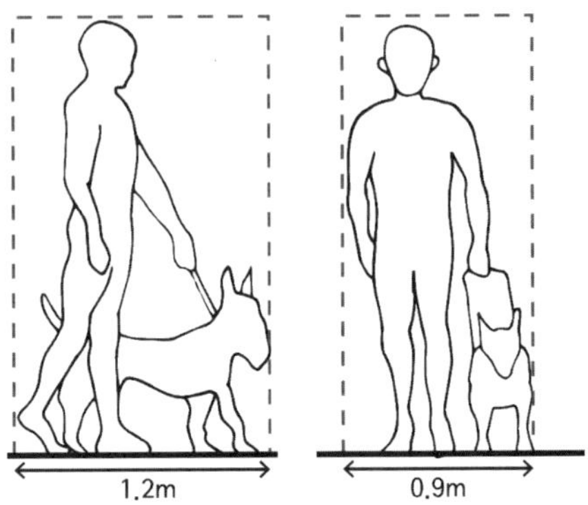

안내견 동반자

2. 목발 사용자

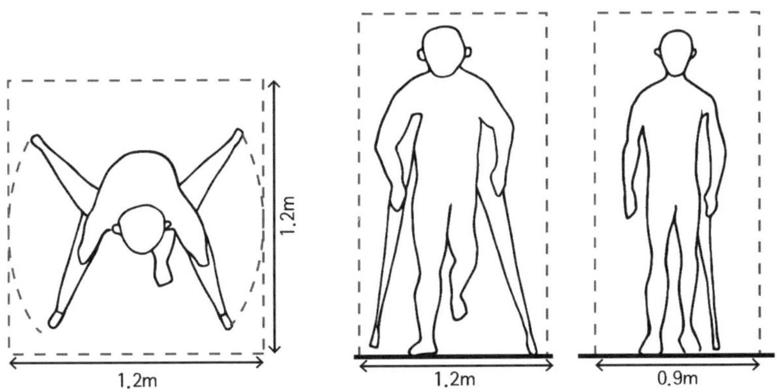

3. 유모차 사용자

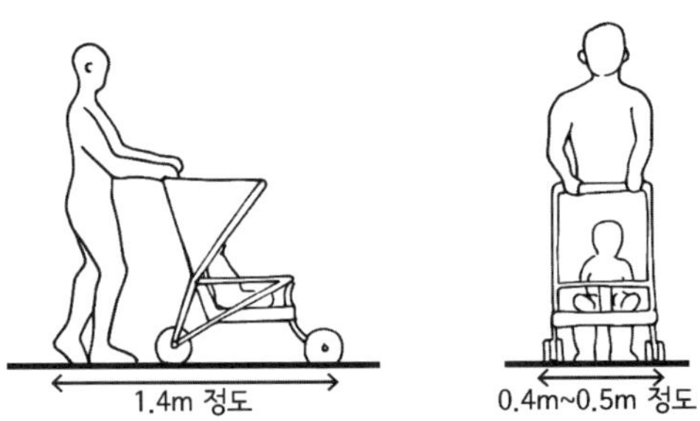

4. 그밖의 고려치수

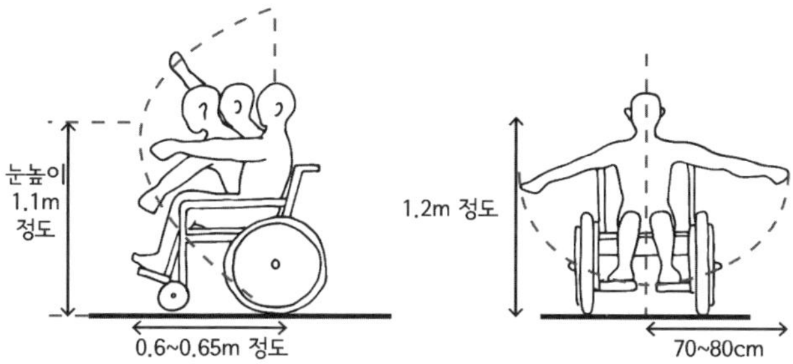

청각장애인

장애인 편의시설 상세표준도(보건복지부, 한국장애인개발원 2019년 3월 개정)

1. 정보안내

다중이용시설(예. 대중교통시설)의 중요한 음성정보는 문자정보를 병행해야 한다.

2. 표시

이 표시가 부착되어 있는 시설물은 청각장애인의 이용이 가능하다는 표시로 사용된다. "난청"표시는 본인이 난청인 임을 증명하는 표시, 난청인들이 사용 가능한 전화, 팩스 등 음향기기 등에 주로 사용되며 국내법상 표시의무는 없으나 국제적으로 널리 사용되고 있으므로 적극 활용할 필요가 있다.

마감치수 체계

장애인 편의시설 상세표준도(보건복지부, 한국장애인개발원 2019년 3월 개정)

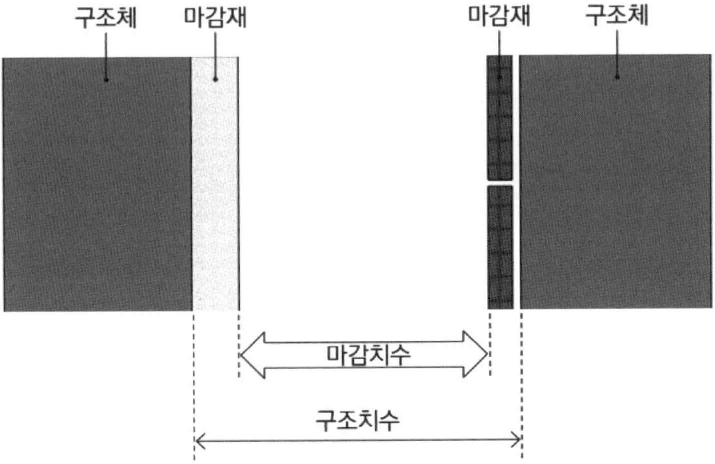

점자 표시의 점자규격

국가기술표준 KS 6895 승강기용 점자 표시의 점자규격

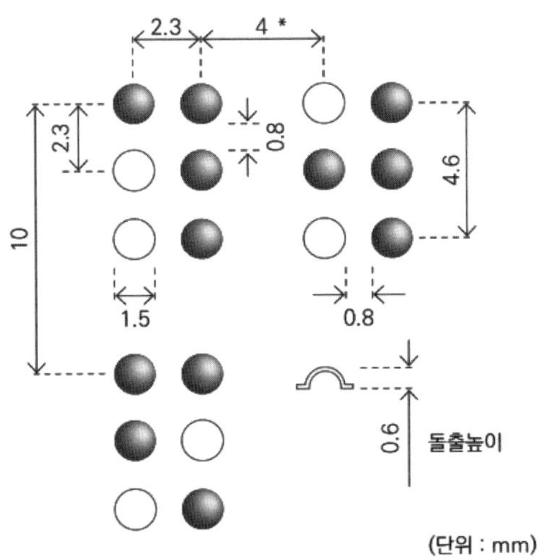

* 단 손잡이 점자표지판 등과 같이 표기내용이 많을 경우 최소 3mm까지 조정가능

02
관련법령

자연공원법

이 법에서 사용하는 용어의 뜻은 다음과 같다. 〈개정 2011.7.28〉

1. "자연공원"이란 국립공원 · 도립공원 · 군립공원(군립공원) 및 지질공원을 말한다.
2. "국립공원"이란 우리나라의 자연생태계나 자연 및 문화경관(이하 "경관"이라 한다)을 대표할 만한 지역으로서 제4조 및 제4조의2에 따라 지정된 공원을 말한다.
3. "도립공원"이란 특별시 · 광역시 · 도 및 특별자치도(이하 "시 · 도"라 한다)의 자연생태계나 경관을 대표할 만한 지역으로서 제4조 및 제4조의3에 따라 지정된 공원을 말한다.
4. "군립공원"이란 시 · 군 및 자치구(이하 "군"이라 한다)의 자연생태계나 경관을 대표할 만한 지역으로서 제4조 및 제4조의4에 따라 지정된 공원을 말한다.

4의2. "시립공원"이란 시의 자연생태계나 경관을 대표할 만한 지역으로서 제4조 및 제4조의4에 따라 지정된 공원을 말한다

4의3. "구립공원"이란 자치구의 자연생태계나 경관을 대표할 만한 지역으로서 제4조 및 제4조의4에 따라 지정된 공원을 말한다.

4의4. "지질공원"이란 지구과학적으로 중요하고 경관이 우수한 지역으로서 이를 보전하고 교육 · 관광 사업 등에 활용하기 위하여 제36조의3에 따라 환경부장관이 인증한 공원을 말한다.

도시공원 및 녹지 등에 관한 법률

제2조(정의) 이 법에서 사용하는 용어의 뜻은 다음과 같다. 〈개정 2011. 4. 14., 2013. 3. 23., 2013. 5. 22., 2018. 12. 18., 2020. 2. 4., 2020. 6. 9.〉

1. "공원녹지"란 쾌적한 도시환경을 조성하고 시민의 휴식과 정서 함양에 이바지하는 다음 각 목의 공간 또는 시설을 말한다.
   가. 도시공원, 녹지, 유원지, 공공공지(公共空地) 및 저수지
   나. 나무, 잔디, 꽃, 지피식물(地被植物) 등의 식생(이하 "식생"이라 한다)이 자라는 공간
   다. 그 밖에 국토교통부령으로 정하는 공간 또는 시설

2. “도시녹화”란 식생, 물, 토양 등 자연친화적인 환경이 부족한 도시지역(「국토의 계획 및 이용에 관한 법률」 제6조제1호에 따른 도시지역을 말하며, 같은 조 제2호에 따른 관리지역에 지정된 지구단위계획구역을 포함한다. 이하 같다)의 공간(「산림자원의 조성 및 관리에 관한 법률」 제2조제1호에 따른 산림은 제외한다)에 식생을 조성하는 것을 말한다.

3. “도시공원”이란 도시지역에서 도시자연경관을 보호하고 시민의 건강 · 휴양 및 정서생활을 향상시키는 데에 이바지하기 위하여 설치 또는 지정된 다음 각 목의 것을 말한다. 다만, 제3조, 제14조, 제15조, 제16조, 제16조의2, 제17조, 제19조, 제19조의2, 제19조의3, 제20조, 제21조, 제21조의2, 제22조부터 제25조까지, 제39조, 제40조, 제42조, 제46조, 제48조의2, 제52조 및 제52조의2에서는 나목에 따른 도시자연공원구역은 제외한다.

가. 「국토의 계획 및 이용에 관한 법률」 제2조제6호나목에 따른 공원으로서 같은 법 제30조에 따라 도시 · 군관리계획으로 결정된 공원

나. 「국토의 계획 및 이용에 관한 법률」 제38조의2에 따라 도시 · 군관리계획으로 결정된 도시자연공원구역(이하 “도시자연공원구역”이라 한다)

4. “공원시설”이란 도시공원의 효용을 다하기 위하여 설치하는 다음 각 목의 시설을 말한다.

가. 도로 또는 광장

나. 화단, 분수, 조각 등 조경시설

다. 휴게소, 긴 의자 등 휴양시설

라. 그네, 미끄럼틀 등 유희시설

마. 테니스장, 수영장, 궁도장 등 운동시설

바. 식물원, 동물원, 수족관, 박물관, 야외음악당 등 교양시설

사. 주차장, 매점, 화장실 등 이용자를 위한 편익시설

아. 관리사무소, 출입문, 울타리, 담장 등 공원관리시설

자. 실습장, 체험장, 학습장, 농자재 보관창고 등 도시농업(「도시농업의 육성 및 지원에 관한 법률」 제2조제1호에 따른 도시농업을 말한다. 이하 같다)을 위한 시설

차. 내진성 저수조, 발전시설, 소화 및 급수시설, 비상용 화장실 등 재난관리시설

카. 그 밖에 도시공원의 효용을 다하기 위한 시설로서 국토교통부령으로 정하는 시설

5. “녹지”란 「국토의 계획 및 이용에 관한 법률」 제2조제6호나목에 따른 녹지로서 도시지역에서 자연환경을 보전하거나 개선하고, 공해나 재해를 방지함으로써 도시경관의 향상을 도모하기 위하여 같은 법 제30조에 따른 도시 · 군관리계획으로 결정된 것을 말한다.

[전문개정 2011. 9. 16.]

나. 도시공원 관련 법 규정

1) 도시공원의 법적 근거

관련법	규정내용
국토의 계획 및 이용에 관한 법률 제2조 제6호	6. “기반시설”이란 다음 각 목의 시설로서 대통령령으로 정하는 시설을 말한다. 가. 도로 · 철도 · 항만 · 공항 · 주차장 등 교통시설 나. 광장 · 공원 · 녹지 등 공간시설 다. 유통업무설비, 수도 · 전기 · 가스공급설비, 방송 · 통신시설, 공동구 등 유통 · 공급시설 라. 학교 · 공공청사 · 문화시설 및 공공필요성이 인정되는 체육시설 등 공공 · 문화체육시설 마. 하천 · 유수지(遊水池) · 방화설비 등 방재시설 바. 장사시설 등 보건위생시설 사. 하수도, 폐기물처리 및 재활용시설, 빗물저장 및 이용시설 등 환경기초시설
국토의 계획 및 이용에 관한 법률 시행령 제2조 제1항	①「국토의 계획 및 이용에 관한 법률」(이하 “법”이라 한다) 제2조제6호 각 목 외의 부분에서 “대통령령으로 정하는 시설”이란 다음 각 호의 시설(당해 시설 그 자체의 기능발휘와 이용을 위하여 필요한 부대시설 및 편익시설을 포함한다)을 말한다. 1. 교통시설 : 도로 · 철도 · 항만 · 공항 · 주차장 · 자동차정류장 · 궤도 · 차량 검사 및 면허시설 2. 공간시설 : 광장 · 공원 · 녹지 · 유원지 · 공공공지 3. 유통 · 공급시설 : 유통업무설비, 수도 · 전기 · 가스 · 열공급설비, 방송 · 통신시설, 공동구 · 시장, 유류저장 및 송유설비 4. 공공 · 문화체육시설 : 학교 · 공공청사 · 문화시설 · 공공필요성이 인정되는 체육시설 · 연구시설 · 사회복지시설 · 공공직업훈련시설 · 청소년수련시설 5. 방재시설 : 하천 · 유수지 · 저수지 · 방화설비 · 방풍설비 · 방수설비 · 사방설비 · 방조설비 6. 보건위생시설 : 장사시설 · 도축장 · 종합의료시설 7. 환경기초시설 : 하수도 · 폐기물처리 및 재활용시설 · 빗물저장 및 이용시설 · 수질오염방지시설 · 폐차장

2) 도시공원의 종류 및 배치

■ 도시공원 및 녹지 등에 관한 법률 시행규칙 [별표 3] 〈개정 2021. 4. 2.〉

도시공원의 설치 및 규모의 기준(제6조관련)

공원구분	설치기준	유치거리	규모
1. 생활권 공원			
가. 소공원	제한 없음	제한 없음	제한 없음
나. 어린이공원	제한 없음	250미터 이하	1천5백제곱미터 이상
다. 근린공원			
(1) 근린생활권근린공원(주로 인근에 거주하는 자의 이용에 제공할 것을 목적으로 하는 근린공원)	제한 없음	500미터 이하	1만제곱미터 이상
(2) 도보권근린공원(주로 도보권 안에 거주하는 자의 이용에 제공할 것을 목적으로 하는 근린공원)	제한 없음	1천미터 이하	3만제곱미터 이상
(3) 도시지역권 근린공원(도시지역 안에 거주하는 전체 주민의 종합적인 이용에 제공할 것을 목적으로 하는 근린공원)	해당도시공원의 기능을 충분히 발휘할 수 있는 장소에 설치	제한 없음	10만제곱미터 이상
(4) 광역권근린공원(하나의 도시지역을 초과하는 광역적인 이용에 제공할 것을 목적으로 하는 근린공원)	해당도시공원의 기능을 충분히 발휘할 수 있는 장소에 설치	제한 없음	100만제곱미터 이상
2. 주제공원			
가. 역사공원	제한 없음	제한 없음	제한 없음
나. 문화공원	제한 없음	제한 없음	제한 없음
다. 수변공원	하천·호수 등의 수변과 접하고 있어 친수공간을 조성할 수 있는 곳에 설치	제한 없음	제한 없음

라. 묘지공원	정숙한 장소로 장래 시가화가 예상되지 아니하는 자연녹지지역에 설치	제한 없음	10만제곱미터 이상
마. 체육공원	해당도시공원의 기능을 충분히 발휘할 수 있는 장소에 설치	제한 없음	1만제곱미터 이상
바. 도시농업공원	제한 없음	제한 없음	1만제곱미터 이상
사. 법 제15조제1항제3호아목에 따른 공원	제한 없음	제한 없음	제한 없음

3)도시공원 유형별 설치 가능한 공원시설

제9조(공원시설의 설치 · 관리기준) ①법 제19조제7항에 따라 공원시설은 도시공원의 기능을 다하게 하기 위하여 다음 각 호에 정하는 바에 따라 설치해야 한다. 〈개정 2010. 6. 30., 2010. 10. 8., 2012. 12. 11., 2013. 11. 22., 2015. 2. 12., 2015. 9. 11., 2016. 3. 31., 2019. 1. 4., 2020. 5. 8., 2021. 4. 2.〉

1. 도로 · 광장 및 공원관리시설은 해당도시공원을 설치함에 있어서 필수적인 공원시설로 할 것. 다만, 소공원 및 어린이공원의 경우에는 설치하지 아니할 수 있으며, 어린이공원의 경우에는 근린생활권 단위별로 1개의 공원관리시설을 설치하여 이를 통합하여 관리할 수 있다.

2. 소공원에 설치할 수 있는 공원시설은 조경시설, 휴양시설 중 긴 의자, 유희시설, 운동시설 중 철봉 · 평행봉 등 체력단련시설, 교양시설 중 도서관(높이 1층, 면적 33제곱미터 이하만 해당한다), 편익시설 중 음수장 · 공중전화실에 한정할 것

3. 어린이공원에 설치할 수 있는 공원시설은 조경시설, 휴양시설(경로당 및 노인복지관은 제외한다), 유희시설, 운동시설, 교양시설 중 도서관(높이 1층, 면적 33제곱미터 이하만 해당한다), 편익시설 중 화장실 · 음수장 · 공중전화실로 하며, 어린이의 이용을 고려할 것. 다만, 휴양시설 중 경로당과 교양시설 중 어린이집으로서

건설교통부령 제488호 도시공원법시행규칙 전부개정령의 시행일(2005년 12월 30일을 말한다) 당시 설치 중이었거나 설치가 완료된 경로당 또는 어린이집은 증축(증축되는 면적은 2005년 12월 30일 당시 설치 중이었거나 설치가 완료된 연면적 이하여야 한다) · 재축 · 개축 및 대수선을 할 수 있다.

4. 별표 3의 근린공원 중 근린생활권 근린공원 및 도보권 근린공원에 설치할 수 있는 공원시설은 주로 일상의 옥외 휴양 · 오락 · 학습 또는 체험 활동 등에 적합한 조경시설 · 휴양시설 · 유희시설 · 운동시설 · 교양시설 · 편익시설 · 도시농업시설 및 별표 1 제9호에 따른 그 밖의 시설(가목, 나목 및 마목은 제외한다)로 하며, 원칙적으로 연령과 성별의 구분 없이 이용할 수 있도록 할 것. 다만, 휴양시설 중 수목원의 시설로서 「수목원 · 정원의 조성 및 진흥에 관한 법률」 제2조제1호 각 목의 시설의 경우에는 법 제19조제1항 및 제2항에 따라 도시공원을 관리하는 특별시장 · 광역시장 · 특별자치시장 · 특별자치도지사 · 시장 또는 군수(이하 "공원관리청"이라 한다)가 관할 도시공원위원회(도시공원위원회가 설치되지 않은 경우에는 「국토의 계획 및 이용에 관한 법률」 제113조제1항 또는 제2항에 따른 시 · 도도시계획위원회 또는 시 · 군 · 구도시계획위원회를 말한다)의 심의를 거쳐 필요하다고 인정하는 경우에 한정한다.

5. 별표 3의 근린공원 중 도시지역권 근린공원 및 광역권 근린공원에 설치할 수 있는 공원시설은 주로 주말의 옥외 휴양 · 오락 · 학습 또는 체험 활동등에 적합한 조경시설 · 휴양시설 · 유희시설 · 운동시설 · 교양시설 · 편익시설 · 도시농업시설 및 별표 1 제9호에 따른 그 밖의 시설(가목, 나목 및 마목은 제외한다) 등 전체 주민의 종합적인 이용에 제공할 수 있는 공원시설로 하며, 원칙적으로 연령과 성별의 구분 없이 이용할 수 있도록 할 것. 다만, 휴양시설 중 수목원의 시설로서 「수목원 · 정원의 조성 및 진흥에 관한 법률」 제2조제1호 각 목의 시설의 경우에는 공원관리청이 관할 도시공원위원회(도시공원위원회가 설치되지 않은 경우에는 「국토의 계획 및 이용에 관한 법률」 제113조제1항 또는 제2항에 따른 시 · 도도시계획위원회 또는 시 · 군 · 구도시계획위원회를 말한다)의 심의를 거쳐 필요하다고 인정하는 경우에 한정한다.

6. 역사공원에 설치할 수 있는 공원시설은 역사자원의 보호 · 관람 · 안내를 위한 시설로서 조경시설 · 휴양시설(경로당 및 노인복지관을 제외한다) · 운동시설 · 교양시설 · 편익시설 및 역사 관련 시설 [특별시 · 광역시 · 특별자치시 · 특별자치도 · 시 또는 군(광역시의 관할 구역에 있는 군은 제외한다. 이하 같다)의 조례로 정한 것을 말한다]로 할 것

7. 문화공원에 설치할 수 있는 공원시설은 문화자원의 보호 · 관람 · 이용 · 안내를 위한 시설로서 조경시설 · 휴양시설(경로당 및 노인복지관은 제외한다) · 운동시설 · 교양시설 · 편익시설 및 동물놀이터 (특별시 · 광역시 · 특별자치시 · 특별자치도 · 시 또는 군의 조례로 설치를 허용하는 경우에 한정한다)로 할 것

8. 수변공원에 설치할 수 있는 공원시설은 수변공간과 조화를 이룰 수 있는 시설로서 조경시설 · 휴양시설(경로당 및 노인복지관은 제외한다) · 운동시설 · 교양시설(온실, 전시장, 생태학습원으로 한정한다) · 편익시설(일반음식점은 제외한다) 및 도시농업시설로 하며 수변공간의 오염을 초래하지 않는 범위 안에서 설치할 것

9. 묘지공원에 설치할 수 있는 공원시설은 주로 묘지 이용자를 위하여 필요한 조경시설 · 휴양시설 · 편익시설과 그 밖의 시설 중 「장사 등에 관한 법률」 제2조 제15호에 따른 장사시설로 하며 정숙한 분위기를 저해하지 아니하는 범위 안에서 설치할 것

10. 체육공원에 설치할 수 있는 공원시설은 조경시설 · 휴양시설(경로당 및 노인복지관은 제외한다) · 유희시설 · 운동시설 · 교양시설(고분 · 성터 · 고옥 그 밖의 유적 등을 복원한 것으로서 역사적 · 학술적 가치가 높은 시설, 공연장, 전시장, 과학관, 미술관, 박물관 및 문화예술회관으로 한정한다) · 편익시설 및 동물놀이터(특별시 · 광역시 · 특별자치시 · 특별자치도 · 시 또는 군의 조례로 설치를 허용하는 경우에 한정한다)로 하되, 원칙적으로 연령과 성별의 구분 없이 이용할 수 있도록 할 것. 이 경우 운동시설에는 체력단련시설을 포함한 3종목 이상의 시설을 필수적으로 설치해야 한다.

11. 도시농업공원에 설치할 수 있는 공원시설은 도시농업공간과 조화를 이룰 수 있는 시설로서 조경시설 · 휴양시설(경로당 및 노인복지관은 제외한다) · 운동시설 · 교양시설 · 편익시설 및 도시농업시설로 할 것

12. 법 제15조제1항제3호아목에 따른 공원에 설치할 수 있는 공원시설은 조경시설 · 휴양시설 · 교양시설 · 편익시설 및 별표 1 제9호에 따른 그 밖의 시설(가목 및 나목은 제외한다)로 할 것. 이 경우 별표 1 제9호마목의 무인동력비행장치 조종연습장은 별표 3의2의 설치 및 관리기준을 준수해야 한다.

② 공원시설이 설치되어 있지 아니한 도시공원의 부지에 대하여는 해당공원시설과 조화를 이룰 수 있도록 나무 · 잔디 그 밖의 지피식물(地被植物) 등으로 녹화하여야 한다.

③ 공원시설 중 신체장애인 · 노약자 또는 어린이의 이용을 겸하는 시설에 대하여는 그 이용에 지장이 없는 구조로 하거나 장치를 하여야 하며 해당시설로의 접근이 용이하도록 하여야 한다.

4) 도시공원의 공간·시설 관련 규정 검토

■ 도시공원 및 녹지 등에 관한 법률 시행규칙 [별표 1] 〈개정 2020. 5. 8.〉

공원시설의 종류(제3조관련)

공원시설	종류
1. 조경시설	관상용식수대·잔디밭·산울타리·그늘시렁·못 및 폭포 그 밖에 이와 유사한 시설로서 공원경관을 아름답게 꾸미기 위한 시설
2. 휴양시설	가. 야유회장 및 야영장(바비큐시설 및 급수시설을 포함한다) 그 밖에 이와 유사한 시설로서 자연공간과 어울려 도시민에게 휴식공간을 제공하기 위한 시설 나. 경로당, 노인복지관 다. 수목원(「수목원·정원의 조성 및 진흥에 관한 법률」제2조제1호에 따른 수목원을 말한다.)

3. 유희시설	시소·정글짐·사다리·순환회전차·궤도·모험놀이장, 유원시설(「관광진흥법」에 따른 유기시설 또는 유기기구를 말한다), 발물놀이터·뱃놀이터 및 낚시터 그 밖에 이와 유사한 시설로서 도시민의 여가선용을 위한 놀이시설
4. 운동시설	가. 「체육시설의 설치·이용에 관한 법률 시행령」 별표 1에서 정하는 운동종목을 위한 운동시설. 다만, 무도학원·무도장 및 자동차경주장은 제외하고, 사격장은 실내사격장에 한하며, 골프장은 6홀 이하의 규모에 한한다. 나. 자연체험장
5. 교양시설	가. 도서관 및 독서실 나. 온실 다. 야외극장, 문화예술회관, 미술관 및 과학관 라. 「장애인복지법 시행규칙」 별표 4 제2호가목에 따른 장애인복지관(국가 또는 지방자치단체가 설치하는 경우로 한정한다), 「사회복지사업법」 제34조의5에 따른 사회복지관(국가 또는 지방자치단체가 설치하는 경우로 한정한다) 및 「지역보건법」 제14조에 따른 건강생활지원센터 마. 청소년수련시설(생활권 수련시설에 한한다) 및 학생기숙사(「대학설립·운영규정」 별표 2에 따른 지원시설 및 「평생교육법 시행령」 별표 5에 따른 지원시설로 한정한다) 바. 다음의 어느 하나에 해당하는 어린이집 (1) 「영유아보육법」 제10조제1호에 따른 국공립어린이집 (2) 「혁신도시 조성 및 발전에 관한 특별법」 제2조에 따른 이전공공기관이 이전한 지역 내 도시공원에 설치하는 「영유아보육법」 제10조제4호에 따른 직장어린이집 (3) 「산업입지 및 개발에 관한 법률」 제2조제8호가목부터 다목까지의 규정에 따른 국가산업단지, 일반산업단지 또는 도시첨단산업단지 내 도시공원에 설치하는 「영유아보육법」 제10조제4호에 따른 직장어린이집 사. 「유아교육법」 제7조제1호 및 제2호에 따른 국립유치원 및 공립유치원 아. 천체 또는 기상관측시설 자. 기념비, 고분·성터·고옥, 그 밖의 유적 등을 복원한 것으로서 역사적·학술적 가치가 높은 시설 차. 공연장(「공연법」 제2조제4호의 규정에 의한 공연장을 말한다) 및 전시장 카. 어린이 교통안전교육장, 재난·재해 안전체험장 및 생태학습원(유아숲체험원 및 산림교육센터를 포함한다) 타. 민속놀이마당 및 정원 파. 그 밖에 가목부터 카목까지와 유사한 시설로서 도시민의 교양함양을 위한 시설

6. 편익시설	가. 우체통·공중전화실·휴게음식점[「자동차관리법 시행규칙」 별표 1 제1호·제2호 및 비고 제1호가목에 따른 이동용 음식판매 용도인 소형·경형화물자동차 또는 같은 표 제2호에 따른 이동용 음식판매 용도인 특수작업형 특수자동차(이하 "음식판매자동차"라 한다)를 사용한 휴게음식점을 포함한다]·일반음식점·약국·수화물예치소·전망대·시계탑·음수장·제과점(음식판매자동차를 사용한 제과점을 포함한다) 및 사진관 그 밖에 이와 유사한 시설로서 공원이용객에게 편리함을 제공하는 시설 나. 유스호스텔 다. 선수 전용 숙소, 운동시설 관련 사무실, 「유통산업발전법」 별표에 따른 대형마트 및 쇼핑센터, 「지역농산물 이용촉진 등 농산물 직거래 활성화에 관한 법률 시행령」 제5조제1호에 따른 농산물 직매장
7. 공원관리시설	창고·차고·게시판·표지·조명시설·폐쇄회로 텔레비전(CCTV)·쓰레기처리장·쓰레기통·수도, 우물, 태양에너지설비(건축물 및 주차장에 설치하는 것으로 한정한다), 그 밖에 이와 유사한 시설로서 공원관리에 필요한 시설
8. 도시농업시설	도시텃밭, 도시농업용 온실·온상·퇴비장, 관수 및 급수 시설, 세면장, 농기구 세척장, 그 밖에 이와 유사한 시설로서 도시농업을 위한 시설
9. 그 밖의 시설	가. 「장사 등에 관한 법률」 제2조제15호에 따른 장사시설 나. 특별시·광역시·특별자치시·특별자치도·시 또는 군(광역시의 관할 구역에 있는 군은 제외한다)의 조례로 정하는 역사 관련 시설 다. 동물놀이터 라. 국가보훈관계 법령(「국가보훈 기본법」 제3조제3호에 따른 법령을 말한다)에 따른 보훈단체가 입주하는 보훈회관 마. 무인동력비행장치(「항공안전법 시행규칙」 제5조제5호가목에 따른 무인동력비행장치로서 연료의 중량을 제외한 자체중량이 12킬로그램 이하인 무인헬리콥터 또는 무인멀티콥터를 말한다) 조종연습장

「장애인·노인·임산부 등의 편의증진 보장에 관한 법률」 시행규칙 별표1

1. 장애인등의 통행이 가능한 접근로

가. 유효폭 및 활동공간

(1) 휠체어사용자가 통행할 수 있도록 접근로의 유효폭은 1.2미터 이상으로 하여야 한다.

(2) 휠체어사용자가 다른 휠체어 또는 유모차 등과 교행할 수 있도록 50미터마다 1.5미터×1.5미터 이상의 교행구역을 설치할 수 있다.

(3) 경사진 접근로가 연속될 경우에는 휠체어사용자가 휴식할 수 있도록 30미터마다 1.5미터×1.5미터 이상의 수평면으로 된 참을 설치할 수 있다.

나. 기울기 등

(1) 접근로의 기울기는 18분의 1이하로 하여야 한다. 다만, 지형상 곤란한 경우에는 12분의 1까지 완화할 수 있다.

(2) 대지 내를 연결하는 주접근로에 단차가 있을 경우 그 높이 차이는 2센티미터 이하로 하여야 한다.

다. 경계

(1) 접근로와 차도의 경계부분에는 연석·울타리 기타 차도와 분리할 수 있는 공작물을 설치하여야 한다. 다만, 차도와 구별하기 위한 공작물을 설치하기 곤란한 경우에는 시각장애인이 감지할 수 있도록 바닥재의 질감을 달리하여야 한다.

(2) 연석의 높이는 6센티미터 이상 15센티미터 이하로 할 수 있으며, 색상과 질감은 접근로의 바닥재와 다르게 설치할 수 있다.

라. 재질과 마감

(1) 접근로의 바닥표면은 장애인등이 넘어지지 아니하도록 잘 미끄러지지 아니하는 재질로 평탄하게 마감하여야 한다.

(2) 블록 등으로 접근로를 포장하는 경우에는 이음새의 틈이 벌어지지 아니하도록 하고, 면이 평탄하게 시공하여야 한다.

(3) 장애인등이 빠질 위험이 있는 곳에는 덮개를 설치하되, 그 표면은 접근로와 동일한 높이가 되도록 하고 덮개에 격자구멍 또는 틈새가 있는 경우에는 그 간격이 2센티미터 이하가 되도록 하여야 한다.

마. 보행장애물

(1) 접근로에 가로등·전주·간판 등을 설치하는 경우에는 장애인등의 통행에 지장을 주지 아니하도록 설치하여야 한다.

(2) 가로수는 지면에서 2.1미터까지 가지치기를 하여야 한다.

2. 삭제 〈2007.3.9〉

3. 삭제 〈2007.3.9〉

4. 장애인전용주차구역

가. 설치장소

(1) 건축물의 부설주차장과 영 별표 1 제2호하목(1)의 주차장의 경우 장애인전용주차구역은 장애인등의 출입이 가능한 건축물의 출입구 또는 장애인용 승강설비와 가장 가까운 장소에 설치하여야 한다.

(2) 장애인전용주차구역에서 건축물의 출입구 또는 장애인용 승강설비에 이르는 통로는 장애인이 통행할 수 있도록 높이차이를 없애고, 유효폭은 1.2미터 이상으로 하여 자동차가 다니는 길과 분리하여 설치하여야 한다.

(3) 통로와 자동차가 다니는 길이 교차하는 부분의 색상과 질감은 바닥재와 다르게 하여야 한다. 다만, 기존 건축물에 설치된 지하주차장의 경우 바닥재의 질감을 다르게 하기 불가능하거나 현저히 곤란한 경우에는 바닥재의 색상만을 다르게 할 수 있다.

나. 주차공간

(1) 장애인전용주차구역의 크기는 주차대수 1대에 대하여 폭 3.3미터 이상, 길이 5미터 이상으로 하여야 한다. 다만, 평행주차형식인 경우에는 주차대수 1대에 대하여 폭 2미터 이상, 길이 6미터 이상으로 하여야 한다.

(2) 주차공간의 바닥면은 장애인등의 승하차에 지장을 주는 높이차이가 없어야 하며, 기울기는 50분의 1 이하로 할 수 있다.

(3) 주차공간의 바닥표면은 미끄러지지 아니하는 재질로 평탄하게 마감하여야 한다.

다. 유도 및 표시

(1) 장애인전용주차구역의 바닥면과 주차구역선에는 운전자가 식별하기 쉬운 색상으로 아래의 그림과 같이 장애인전용표시를 하여야 한다. 장애인전용표시의 규격은 다음과 같다.

(가) 바닥면에 설치되는 장애인전용표시: 가로 1.3미터, 세로 1.5미터

(나) 주차구역선에 설치되는 장애인전용표시: 가로 50센티미터, 세로 58센티미터

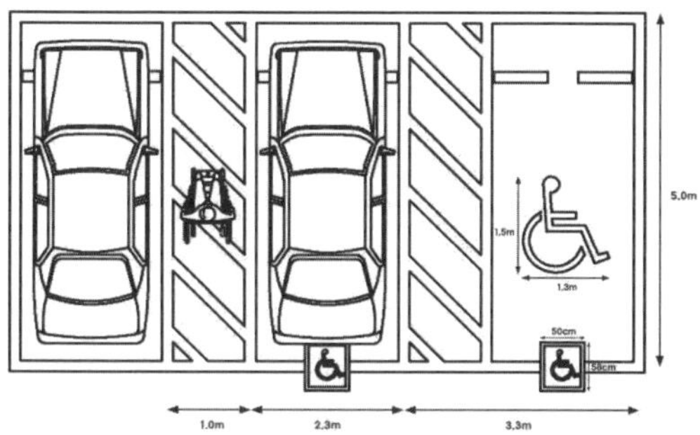

(2) 장애인전용주차구역 안내표지를 주차장 안의 식별하기 쉬운 장소에 부착하거나 설치하여야 한다. 이 경우 안내표지의 규격과 안내표지에 기재될 내용은 다음과 같다.

(가) 장애인전용주차구역 안내표지의 규격은 가로 0.7미터, 세로 0.6미터로 하고, 지면에서 표지판까지의 높이는 1.5미터로 한다.

(나) 안내표지에 기재될 내용은 다음과 같다.

장애인전용주차구역 도움이 필요한 경우: (지역번호)○○○ – ○○○○

○ 장애인전용주차구역 주차표지가 붙어있는 자동차로서 보행에 장애가 있는 사람이 타고 있는 자동차만 주차할 수 있습니다. 이를 위반한 사람에 대해서는 10만원의 과태료를 부과합니다.

○ 장애인전용주차구역에 물건을 쌓거나 그 통행로를 가로막는 등 주차를 방해하는 행위를 한 사람에 대해서는 50만원의 과태료를 부과합니다.

○ 위반사항을 발견하신 분은 신고전화번호(지역번호)○○○ – ○○○○로 신고하여 주시기 바랍니다.

5. 높이차이가 제거된 건축물 출입구

가. 턱낮추기

건축물의 주출입구와 통로의 높이차이는 2센티미터 이하가 되도록 설치하여야 한다.

나. 휠체어리프트 또는 경사로 설치

휠체어리프트 및 경사로에 관한 세부기준은 제11호 및 제12호의 휠체어리프트 및 경사로에 관한 규정을 각각 적용한다.

6. 장애인등의 출입이 가능한 출입구(문)

가. 유효폭 및 활동공간

(1) 출입구(문)은 아래의 그림과 같이 그 통과유효폭을 0.9미터 이상으로 하고, 출입구(문)의 전면 유효거리는 1.2미터 이상으로 하며, 연속된 출입문의 경우 문의 개폐에 소요되는 공간은 유효거리에 포함하지 아니한다.

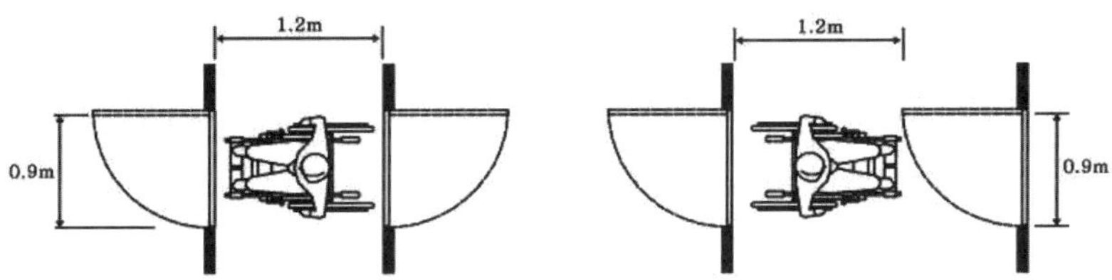

(2) 자동문이 아닌 경우에는 아래의 그림과 같이 출입문 옆에 0.6미터 이상의 활동공간을 확보하여야 한다.

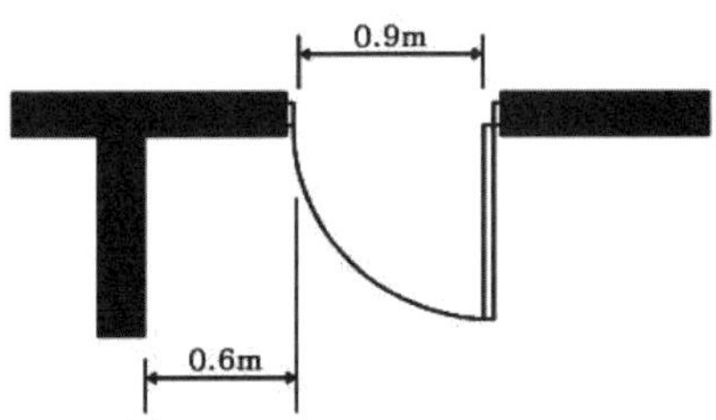

(3) 출입구의 바닥면에는 문턱이나 높이차이를 두어서는 아니된다.

나. 문의 형태

(1) 출입문은 회전문을 제외한 다른 형태의 문을 설치하여야 한다.

(2) 미닫이문은 가벼운 재질로 하며, 턱이 있는 문지방이나 홈을 설치하여서는 아니된다.

(3) 여닫이문에 도어체크를 설치하는 경우에는 문이 닫히는 시간이 3초 이상 충분하게 확보되도록 하여야 한다.

(4) 자동문은 휠체어사용자의 통행을 고려하여 문의 개방시간이 충분하게 확보되도록 설치하여야 하며, 개폐기의 작동장치는 가급적 감지범위를 넓게 하여야 한다.

다. 손잡이 및 점자표지판

(1) 출입문의 손잡이는 중앙지점이 바닥면으로부터 0.8미터와 0.9미터사이에 위치하도록 설치하여야 하며, 그 형태는 레버형이나 수평 또는 수직막대형으로 할 수 있다.

(2) 건축물안의 공중의 이용을 주목적으로 하는 사무실 등의 출입문옆 벽면의 1.5미터 높이에는 방이름을 표기한 점자표지판을 부착하여야 한다.

라. 기타 설비

(1) 건축물 주출입구의 0.3미터 전면에는 문의 폭만큼 점형블록을 설치하거나 시각장애인이 감지할 수 있도록 바닥재의 질감 등을 달리하여야 한다.

(2) 건축물의 주출입문이 자동문인 경우에는 문이 자동으로 작동되지 아니할 경우에 대비하여 시설관리자 등을 호출할 수 있는 벨을 자동문옆에 설치할 수 있다.

7. 장애인등의 통행이 가능한 복도 및 통로

가. 유효폭

복도의 유효폭은 1.2미터 이상으로 하되, 복도의 양옆에 거실이 있는 경우에는 1.5미터 이상으로 할 수 있다.

나. 바닥

(1) 복도의 바닥면에는 높이차이를 두어서는 아니된다. 다만, 부득이한 사정으로 높이차이를 두는 경우에는 경사로를 설치하여야 한다.

(2) 바닥표면은 미끄러지지 아니하는 재질로 평탄하게 마감하여야 하며, 넘어졌을 경우 가급적 충격이 적은 재료를 사용하여야 한다.
(3) 삭제 〈2007.3.9〉

다. 손잡이
(1) 「장애인복지법」 제58조에 따른 장애인복지시설, 「의료법」 제3조에 따른 의료기관 중 병원급 의료기관 및 「노인복지법」 제31조에 따른 노인복지시설의 복도 양측면에는 손잡이를 연속하여 설치하여야 한다. 다만, 방화문 등의 설치로 손잡이를 연속하여 설치할 수 없는 경우에는 방화문 등의 설치에 소요되는 부분에 한하여 손잡이를 설치하지 아니할 수 있다.
(2) 손잡이의 높이는 아래의 그림과 같이 바닥면으로부터 0.8미터 이상 0.9미터 이하로 하여야 하며, 2중으로 설치하는 경우에는 윗쪽 손잡이는 0.85미터 내외, 아랫쪽 손잡이는 0.65미터 내외로 하여야 한다.
(3) 손잡이의 지름은 아래의 그림과 같이 3.2센티미터 이상 3.8센티미터 이하로 하여야 한다.
(4) 손잡이를 벽에 설치하는 경우 벽과 손잡이의 간격은 5센티미터 내외로 하여야 한다.
(5) 손잡이의 양끝부분 및 굴절부분에는 점자표지판을 부착하여야 한다.

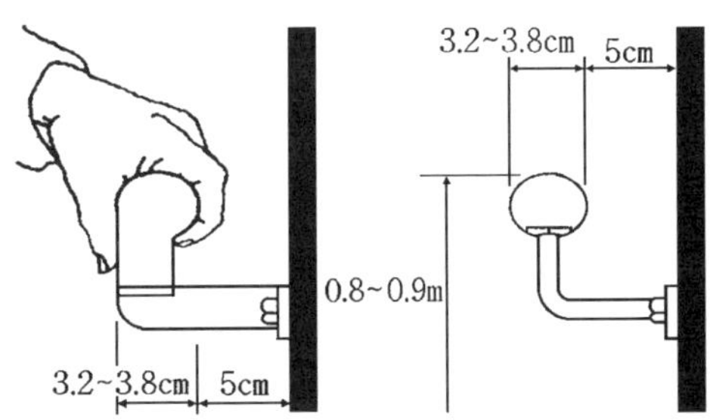

라. 보행장애물
(1) 통로의 바닥면으로부터 높이 0.6미터에서 2.1미터 이내의 벽면으로부터 돌출된 물체의 돌출폭은 0.1미터 이하로 할 수 있다.
(2) 통로의 바닥면으로부터 높이 0.6미터에서 2.1미터 이내의 독립기둥이나 받침대에 부착된 설치물의 돌출폭은 0.3미터 이하로 할 수 있다.

(3) 통로상부는 바닥면으로부터 2.1미터 이상의 유효높이를 확보하여야 한다. 다만, 유효높이 2.1미터 이내에 장애물이 있는 경우에는 바닥면으로부터 높이 0.6미터 이하에 접근방지용난간 또는 보호벽을 설치하여야 한다.

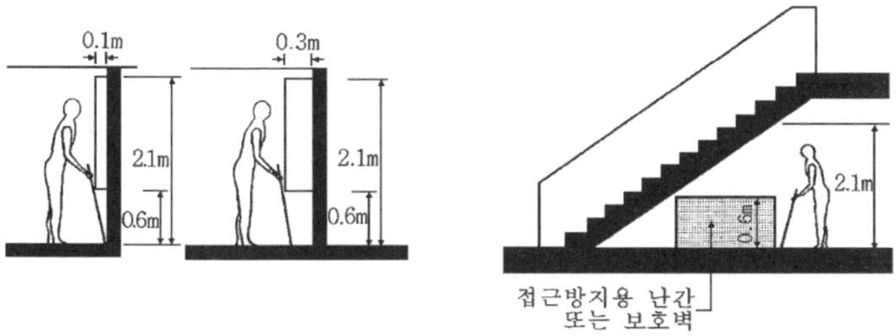

마. 안전성 확보

(1) 휠체어사용자의 안전을 위하여 복도의 벽면에는 바닥면으로부터 0.15미터에서 0.35미터까지 킥플레이트를 설치할 수 있다.

(2) 복도의 모서리 부분은 둥글게 마감할 수 있다.

8. 장애인등의 통행이 가능한 계단

가. 계단의 형태

(1) 계단은 직선 또는 꺾임형태로 설치할 수 있다.

(2) 바닥면으로부터 높이 1.8미터 이내마다 휴식을 할 수 있도록 수평면으로된 참을 설치할 수 있다.

나. 유효폭

계단 및 참의 유효폭은 1.2미터 이상으로 하여야 한다. 다만, 건축물의 옥외피난계단은 0.9미터 이상으로 할 수 있다.

다. 디딤판과 챌면

(1) 계단에는 챌면을 반드시 설치하여야 한다.

(2) 디딤판의 너비는 0.28미터 이상, 챌면의 높이는 0.18미터 이하로 하되, 동일한 계단(참을 설치하는 경우에는 참까지의 계단을 말한다)에서 디딤판의 너비와 챌면의 높이는 균일하게 하여야 한다.

(3) 디딤판의 끝부분에 아래의 그림과 같이 발끝이나 목발의 끝이 걸리지 아니하도록 챌면의 기울기는 디딤판의 수평면으로부터 60도 이상으로 하여야 하며, 계단코는 3센티미터 이상 돌출하여서는 아니된다.

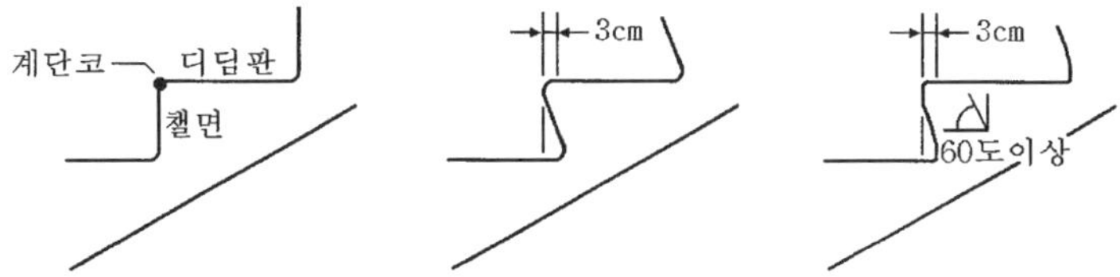

라. 손잡이 및 점자표지판

(1) 계단의 양측면에는 손잡이를 연속하여 설치하여야 한다. 다만, 방화문 등의 설치로 손잡이를 연속하여 설치할 수 없는 경우에는 방화문 등의 설치에 소요되는 부분에 한하여 손잡이를 설치하지 아니할 수 있다.

(2) 경사면에 설치된 손잡이의 끝부분에는 0.3미터 이상의 수평손잡이를 설치하여야 한다.

(3) 손잡이의 양끝부분 및 굴절부분에는 층수·위치 등을 나타내는 점자표지판을 부착하여야 한다.

(4) 손잡이에 관한 기타 세부기준은 제7호의 복도의 손잡이에 관한 규정을 적용한다.

마. 재질과 마감

(1) 계단의 바닥표면은 미끄러지지 아니하는 재질로 평탄하게 마감할 수 있다.

(2) 계단코에는 줄눈넣기를 하거나 경질고무류 등의 미끄럼방지재로 마감하여야 한다. 다만, 바닥표면 전체를 미끄러지지 아니하는 재질로 마감한 경우에는 그러하지 아니하다.

(3) 계단이 시작되는 지점과 끝나는 지점의 0.3미터 전면에는 계단의 폭만큼 점형블록을 설치하거나 시각장애인이 감지할 수 있도록 바닥재의 질감 등을 달리하여야 한다.

바. 기타 설비

(1) 계단의 측면에 난간을 설치하는 경우에는 난간하부에 바닥면으로부터 높이 2센티미터 이상의 추락방지턱을 설치할 수 있다.

(2) 계단코의 색상은 계단의 바닥재색상과 달리 할 수 있다.

9. 장애인용 승강기

가. 설치장소 및 활동공간

(1) 장애인용 승강기는 장애인등의 접근이 가능한 통로에 연결하여 설치하되, 가급적 건축물 출입구와 가까운 위치에 설치하여야 한다.

(2) 승강기의 전면에는 1.4미터×1.4미터 이상의 활동공간을 확보하여야 한다.

(3) 승강장바닥과 승강기바닥의 틈은 3센티미터 이하로 하여야 한다.

나. 크기

(1) 승강기내부의 유효바닥면적은 폭 1.1미터 이상, 깊이 1.35미터 이상으로 하여야 한다. 다만, 신축하는 건물의 경우에는 폭을 1.6미터 이상으로 하여야 한다.

(2) 출입문의 통과유효폭은 0.8미터 이상으로 하되, 신축한 건물의 경우에는 출입문의 통과유효폭을 0.9미터 이상으로 할 수 있다.

다. 이용자 조작설비

(1) 호출버튼·조작반·통화장치 등 승강기의 안팎에 설치되는 모든 스위치의 높이는 바닥면으로부터 0.8미터 이상 1.2미터 이하로 설치하여야 한다. 다만, 스위치는 수가 많아 1.2미터 이내에 설치하는 것이 곤란한 경우에는 1.4미터 이하까지 완화할 수 있다.

(2) 승강기내부의 휠체어사용자용 조작반은 진입방향 우측면에 가로형으로 설치하고, 그 높이는 바닥면으로부터 0.85미터 내외로 하며, 수평손잡이와 겹치지 않도록 하여야 한다. 다만, 승강기의 유효바닥면적이 1.4미터×1.4미터 이상인 경우에는 진입방향 좌측면에 설치할 수 있다.

(3) 조작설비의 형태는 버튼식으로 하되, 시각장애인 등이 감지할 수 있도록 층수 등을 점자로 표시하여야 한다.

(4) 조작반·통화장치 등에는 점자표시를 하여야 한다.

라. 기타 설비

(1) 승강기의 내부에는 수평손잡이를 바닥에서 0.8미터 이상 0.9미터 이하의 위치에 연속하여 설치하거나, 수평손잡이 사이에 3센티미터 이내의 간격을 두고 측면과

후면에 각각 설치하되, 손잡이에 관한 세부기준은 제7호의 복도의 손잡이에 관한 규정을 적용한다.

(2) 승강기 내부의 후면에는 내부에서 휠체어가 180도 회전이 불가능할 경우에는 휠체어가 후진하여 문의 개폐여부를 확인하거나 내릴 수 있도록 승강기 후면의 0.6미터 이상의 높이에 견고한 재질의 거울을 설치하여야 한다.

(3) 각 층의 승강장에는 승강기의 도착여부를 표시하는 점멸등 및 음향신호장치를 설치하여야 하며, 승강기의 내부에는 도착층 및 운행상황을 표시하는 점멸등 및 음성신호장치를 설치하여야 한다.

(4) 광감지식개폐장치를 설치하는 경우에는 바닥면으로부터 0.3미터에서 1.4미터 이내의 물체를 감지할 수 있도록 하여야 한다.

(5) 사람이나 물체가 승강기문의 중간에 끼었을 경우 문의 작동이 자동적으로 멈추고 다시 열리는 되열림장치를 설치하여야 한다.

(6) 각 층의 장애인용 승강기의 호출버튼의 0.3미터 전면에는 점형블록을 설치하거나 시각장애인이 감지할 수 있도록 바닥재의 질감 등을 달리하여야 한다.

(7) 승강기내부의 상황을 외부에서 알 수 있도록 승강기전면의 일부에 유리를 사용할 수 있다.

(8) 승강기 내부의 층수 선택버튼을 누르면 점멸등이 켜짐과 동시에 음성으로 선택된 층수를 안내해주어야 한다. 또한, 층수선택버튼이 토글방식인 경우에는 처음 눌렀을 때에는 점멸등이 켜지면서 선택한 층수에 대한 음성안내가, 두 번째 눌렀을 때에는 점멸등이 꺼지면서 취소라는 음성안내가 나오도록 하여야 한다.

(9) 층별로 출입구가 다른 경우에는 반드시 음성으로 출입구의 방향을 알려주어야 한다.

(10) 출입구, 승강대, 조작기의 조도는 저시력인 등 장애인의 안전을 위하여 최소 150LX 이상으로 하여야 한다.

10. 장애인용 에스컬레이터

가. 유효폭 및 속도

(1) 장애인용 에스컬레이터의 유효폭은 0.8미터 이상으로 하여야 한다.

(2) 속도는 분당 30미터 이내로 하여야 한다.

나. 디딤판

(1) 휠체어사용자가 승·하강할 수 있도록 에스컬레이터의 디딤판은 3매 이상 수평상태로 이용할 수 있게 하여야 한다.

(2) 디딤판 시작과 끝부분의 바닥판은 얇게 할 수 있다.

다. 손잡이

(1) 에스컬레이터의 양측면에는 디딤판과 같은 속도로 움직이는 이동손잡이를 설치하여야 한다.

(2) 에스컬레이터의 양끝부분에는 수평이동손잡이를 1.2미터 이상 설치하여야 한다.

(3) 수평이동손잡이 전면에는 1미터 이상의 수평고정손잡이를 설치할 수 있으며, 수평고정손잡이에는 층수·위치 등을 나타내는 점자표지판을 부착하여야 한다.

11. 휠체어리프트

가. 일반사항

(1) 계단 상부 및 하부 각 1개소에 탑승자 스스로 휠체어리프트를 사용할 수 있는 설비를 1.4미터×1.4미터 이상의 승강장을 갖추어야 한다.

(2) 승강장에는 휠체어리프트사용자의 이용편의를 위하여 시설관리자 등을 호출할 수 있는 벨을 설치하고, 작동설명서를 부착하여야 한다.

(3) 운행중 돌발상태가 발생하는 경우 비상정지시킬 수 있고, 과속을 제한할 수 있는 장치를 설치하여야 한다.

나. 경사형 휠체어리프트

(1) 경사형 휠체어리프트는 휠체어받침판의 유효면적을 폭 0.76미터 이상, 길이 1.05미터 이상으로 하여야 하며, 휠체어사용자가 탑승가능한 구조로 하여야 한다.

(2) 운행중 휠체어가 구르거나 장애물과 접촉하는 경우 자동정지가 가능하도록 감지장치를 설치하여야 하며, 안전판이 열린 상태로 운행되지 아니하도록 내부잠금장치를 갖추어야 한다.

(3) 휠체어리프트를 사용하지 아니할 때에는 지정장소에 접어서 보관할 수 있도록 하되, 벽면으로부터 0.6미터 이상 돌출되지 아니하도록 하여야 한다.

다. 수직형 휠체어리프트

수직형 휠체어리프트는 내부의 유효바닥면적을 폭 0.9미터 이상, 깊이 1.2미터 이상으로 하여야 한다.

12. 경사로

가. 유효폭 및 활동공간

(1) 경사로의 유효폭은 1.2미터 이상으로 하여야 한다. 다만, 건축물을 증축·개축·재축·이전·대수선 또는 용도변경하는 경우로서 1.2미터 이상의 유효폭을 확보하기 곤란한 때에는 0.9미터까지 완화할 수 있다.

(2) 바닥면으로부터 높이 0.75미터 이내마다 휴식을 할 수 있도록 수평면으로된 참을 설치하여야 한다.

(3) 경사로의 시작과 끝, 굴절부분 및 참에는 1.5미터×1.5미터 이상의 활동공간을 확보하여야 한다. 다만, 경사로가 직선인 경우에 참의 활동공간의 폭은 (1)에 따른 경사로의 유효폭과 같게 할 수 있다.

나. 기울기

(1) 경사로의 기울기는 12분의 1 이하로 하여야 한다.

(2) 다음의 요건을 모두 충족하는 경우에는 경사로의 기울기를 8분의 1까지 완화할 수 있다.

(가) 신축이 아닌 기존시설에 설치되는 경사로일 것

(나) 높이가 1미터 이하인 경사로로서 시설의 구조 등의 이유로 기울기를 12분의 1이하로 설치하기가 어려울 것

(다) 시설관리자 등으로부터 상시보조서비스가 제공될 것

다. 손잡이

(1) 경사로의 길이가 1.8미터 이상이거나 높이가 0.15미터 이상인 경우에는 양측면에 손잡이를 연속하여 설치하여야 한다.

(2) 손잡이를 설치하는 경우에는 경사로의 시작과 끝부분에 수평손잡이를 0.3미터 이상 연장하여 설치하여야 한다. 다만, 통행상 안전을 위하여 필요한 경우에는 수평손잡이를 0.3미터 이내로 설치할 수 있다.

(3) 손잡이에 관한 기타 세부기준은 제7호의 복도의 손잡이에 관한 규정을 적용한다.

라. 재질과 마감

(1) 경사로의 바닥표면은 잘 미끄러지지 아니하는 재질로 평탄하게 마감하여야 한다.

(2) 양측면에는 휠체어의 바퀴가 경사로 밖으로 미끄러져 나가지 아니하도록 5센티미터 이상의 추락방지턱 또는 측벽을 설치할 수 있다.

(3) 휠체어의 벽면충돌에 따른 충격을 완화하기 위하여 벽에 매트를 부착할 수 있다.

마. 기타 시설

건물과 연결된 경사로를 외부에 설치하는 경우 햇볕, 눈, 비 등을 가릴 수 있도록 지붕과 차양을 설치할 수 있다.

13. 장애인등의 이용이 가능한 화장실

가. 일반사항

(1) 설치장소

(가) 장애인등의 이용이 가능한 화장실은 장애인등의 접근이 가능한 통로에 연결하여 설치하여야 한다.

(나) 장애인용 변기와 세면대는 출입구(문)와 가까운 위치에 설치하여야 한다.

(2) 재질과 마감

(가) 화장실의 바닥면에는 높이차이를 두어서는 아니되며, 바닥표면은 물에 젖어도 미끄러지지 아니하는 재질로 마감하여야 한다.

(나) 화장실(장애인용 변기·세면대가 설치된 화장실이 일반 화장실과 별도로 설치된 경우에는 일반 화장실을 말한다)의 0.3미터 전면에는 점형블록을 설치하거나 시각장애인이 감지할 수 있도록 바닥재의 질감 등을 달리하여야 한다.

(3) 기타 설비

(가) 화장실(장애인용 변기·세면대가 설치된 화장실이 일반 화장실과 별도로 설치된 경우에는 일반 화장실을 말한다)의 출입구(문)옆 벽면의 1.5미터 높이에는 남자용과 여자용을 구별할 수 있는 점자표지판을 부착하고, 출입구(문)의 통과유효폭은 0.9미터 이상으로 하여야 한다.

(나) 세정장치·수도꼭지 등은 광감지식·누름버튼식·레버식 등 사용하기 쉬운 형태로 설치하여야 한다.

(다) 장애인복지시설은 시각장애인이 화장실(장애인용 변기·세면대가 설치된 화장실이 일반 화장실과 별도로 설치된 경우에는 일반 화장실을 말한다)의 위치를 쉽게 알 수 있도록 하기 위하여 안내표시와 함께 음성유도장치를 설치하여야 한다.

나. 대변기

(1) 활동공간

(가) 건물을 신축하는 경우에는 대변기의 유효바닥면적이 폭 1.6미터 이상, 깊이 2.0미터 이상이 되도록 설치하여야 하며, 대변기의 좌측 또는 우측에는 휠체어의 측면접근을 위하여 유효폭 0.75미터 이상의 활동공간을 확보하여야 한다. 이 경우 대변기의 전면에는 휠체어가 회전할 수 있도록 1.4미터×1.4미터 이상의 활동공간을 확보하여야 한다.

(나) 신축이 아닌 기존시설에 설치하는 경우로서 시설의 구조 등의 이유로 (가)의 기준에 따라 설치하기가 어려운 경우에 한하여 유효바닥면적이 폭 1.0미터 이상, 깊이 1.8미터 이상이 되도록 설치하여야 한다.

(다) 출입문의 통과유효폭은 0.9미터 이상으로 하여야 한다.

(라) 출입문의 형태는 자동문, 미닫이문 또는 접이문 등으로 할 수 있으며, 여닫이문을 설치하는 경우에는 바깥쪽으로 개폐되도록 하여야 한다. 다만, 휠체어사용자를 위하여 충분한 활동공간을 확보한 경우에는 안쪽으로 개폐되도록 할 수 있다.

(2) 구조

(가) 대변기는 등받이가 있는 양변기형태로 하되, 바닥부착형으로 하는 경우에는 변기 전면의 트랩부분에 휠체어의 발판이 닿지 아니하는 형태로 하여야 한다.

(나) 대변기의 좌대의 높이는 바닥면으로부터 0.4미터 이상 0.45미터 이하로 하여야 한다.

(3) 손잡이

(가) 대변기의 양옆에는 아래의 그림과 같이 수평 및 수직손잡이를 설치하되, 수평손잡이는 양쪽에 모두 설치하여야 하며, 수직손잡이는 한쪽에만 설치할 수 있다.

(나) 수평손잡이는 바닥면으로부터 0.6미터 이상 0.7미터 이하의 높이에 설치하되, 한쪽 손잡이는 변기중심에서 0.4미터 이내의 지점에 고정하여 설치하여야 하며, 다른쪽 손잡이는 0.6미터 내외의 길이로 회전식으로 설치하여야 한다. 이 경우 손잡이간의 간격은 0.7미터 내외로 할 수 있다.

(다) 수직손잡이의 길이는 0.9미터 이상으로 하되, 손잡이의 제일 아랫부분이 바닥면으로부터 0.6미터 내외의 높이에 오도록 벽에 고정하여 설치하여야 한다. 다만, 손잡이의 안전성 등 부득이한 사유로 벽에 설치하는 것이 곤란한 경우에는

바닥에 고정하여 설치하되, 손잡이의 아랫부분이 휠체어의 이동에 방해가 되지 아니하도록 하여야 한다.

(라) 장애인등의 이용편의를 위하여 수평손잡이와 수직손잡이는 이를 연결하여 설치할 수 있다. 이 경우 (다)의 수직손잡이의 제일 아랫부분의 높이는 연결되는 수평손잡이의 높이로 한다.

(마) 화장실의 크기가 2미터×2미터 이상인 경우에는 천장에 부착된 사다리형태의 손잡이를 설치할 수 있다.

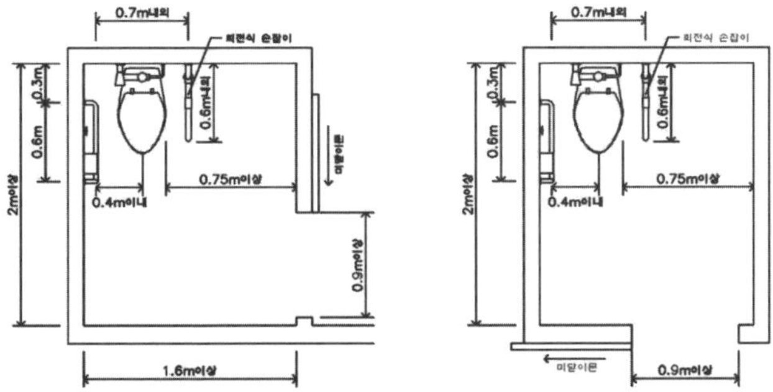

〈장애인등의 이용이 가능한 화장실(신축건물)〉

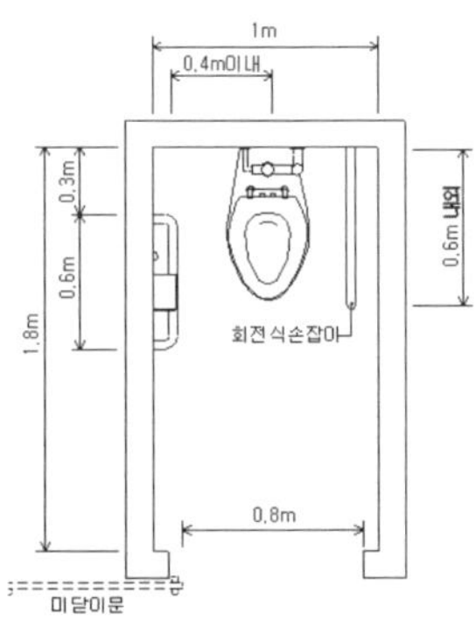

〈장애인등의 이용이 가능한 화장실 (신축이 아닌 기존시설)〉

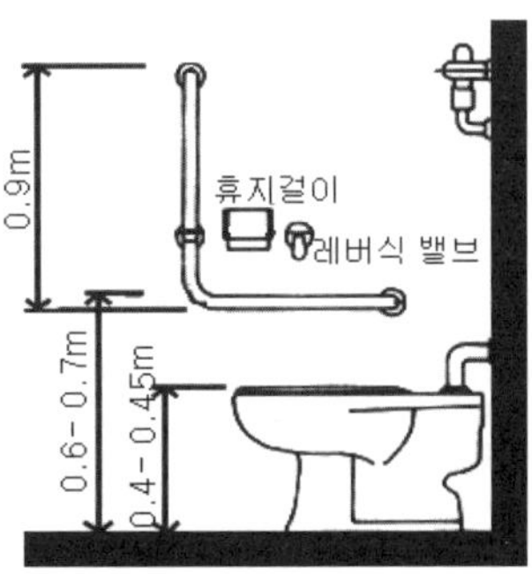

〈장애인등의 이용이 가능한 화장실〉

(4) 기타 설비

(가) 세정장치·휴지걸이 등은 대변기에 앉은 상태에서 이용할 수 있는 위치에 설치하여야 한다.

(나) 출입문에는 화장실사용여부를 시각적으로 알 수 있는 설비 및 잠금장치를 갖추어야 한다.

(다) 공공업무시설, 병원, 문화 및 집회시설, 장애인복지시설, 휴게소 등은 대변기 칸막이 내부에 세면기와 샤워기를 설치할 수 있다. 이 경우 세면기는 변기의 앞쪽에 최소 규모로 설치하여 대변기 칸막이 내부에서 휠체어가 회전하는데 불편이 없도록 하여야 하며, 세면기에 연결된 샤워기를 설치하되 바닥으로부터 0.8미터에서 1.2미터 높이에 설치하여야 한다.

(라) 화장실 내에서의 비상사태에 대비하여 비상용 벨은 대변기 가까운 곳에 바닥면으로부터 0.6미터와 0.9미터 사이의 높이에 설치하되, 바닥면으로부터 0.2미터 내외의 높이에서도 이용이 가능하도록 하여야 한다.

다. 소변기

(1) 구조

소변기는 바닥부착형으로 할 수 있다.

(2) 손잡이

(가) 소변기의 양옆에는 아래의 그림과 같이 수평 및 수직손잡이를 설치하여야 한다.

(나) 수평손잡이의 높이는 바닥면으로부터 0.8미터 이상 0.9미터 이하, 길이는 벽면으로부터 0.55미터 내외, 좌우 손잡이의 간격은 0.6미터 내외로 하여야 한다.

(다) 수직손잡이의 높이는 바닥면으로부터 1.1미터 이상 1.2미터 이하, 돌출폭은 벽면으로부터 0.25미터 내외로 하여야 하며, 하단부가 휠체어의 이동에 방해가 되지 아니하도록 하여야 한다.

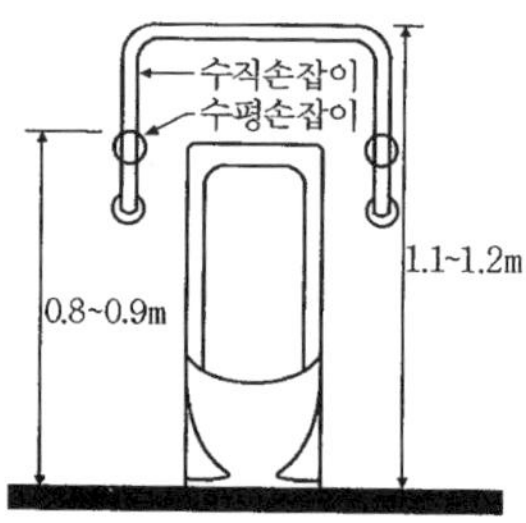

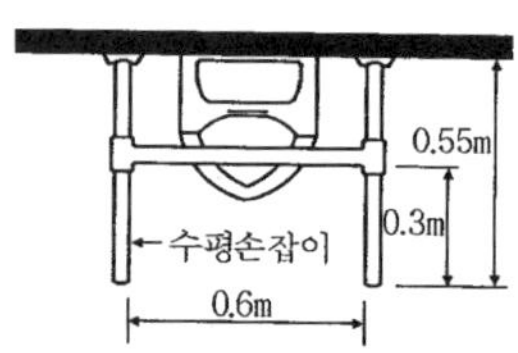

라. 세면대

(1) 구조

(가) 휠체어사용자용 세면대의 상단높이는 바닥면으로부터 0.85미터, 하단 높이는 0.65미터 이상으로 하여야 한다.

(나) 세면대의 하부는 무릎 및 휠체어의 발판이 들어갈 수 있도록 하여야 한다.

(2) 손잡이 및 기타 설비

(가) 목발사용자 등 보행곤란자를 위하여 세면대의 양옆에는 수평손잡이를 설치할 수 있다.

(나) 수도꼭지는 냉·온수의 구분을 점자로 표시하여야 한다.

(다) 휠체어사용자용 세면대의 거울은 아래의 그림과 같이 세로길이 0.65미터 이상, 하단 높이는 바닥면으로부터 0.9미터 내외로 설치할 수 있으며, 거울상단부분은 15도정도 앞으로 경사지게 하거나 전면거울을 설치할 수 있다.

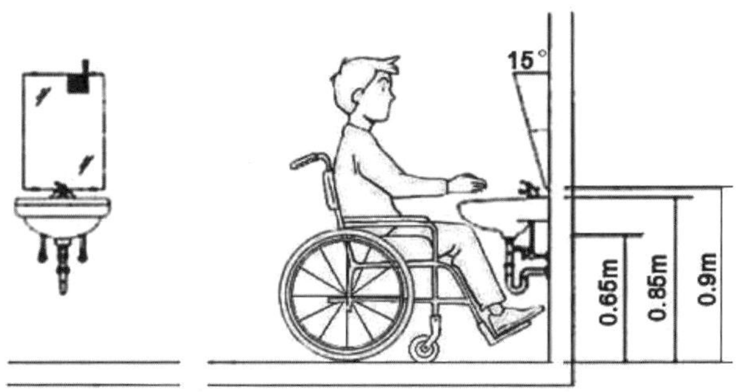

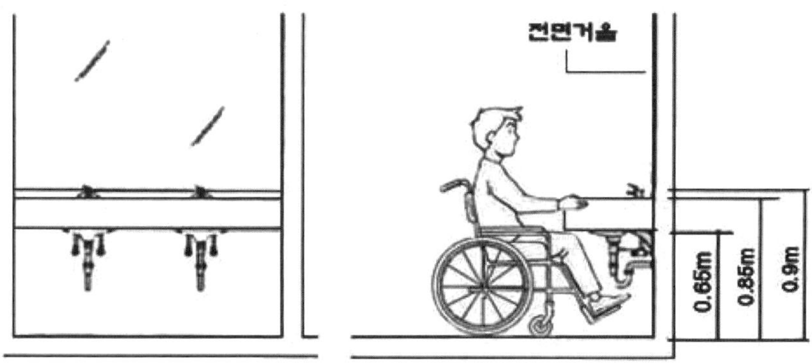

14. 장애인등의 이용이 가능한 욕실

가. 설치장소

욕실은 장애인등의 접근이 가능한 통로에 연결하여 설치하여야 한다.

나. 구조

(1) 출입문의 형태는 미닫이문 또는 접이문으로 할 수 있다.

(2) 욕조의 전면에는 휠체어를 탄 채 접근이 가능한 활동공간을 확보하여야 한다.

(3) 욕조의 높이는 바닥면으로부터 0.4미터 이상 0.45미터 이하로 하여야 한다.

다. 바닥

(1) 욕실의 바닥면높이는 탈의실의 바닥면과 동일하게 할 수 있다.

(2) 바닥면의 기울기는 30분의 1 이하로 하여야 한다.

(3) 욕실 및 욕조의 바닥표면은 물에 젖어도 미끄러지지 아니하는 재질로 마감하여야 한다.

라. 손잡이

욕조주위에는 수평 및 수직손잡이를 설치할 수 있다.

마. 기타 설비

(1) 수도꼭지는 광감지식·누름버튼식·레버식 등 사용하기 쉬운 형태로 설치 하여야 하며, 냉·온수의 구분은 점자로 표시하여야 한다.

(2) 샤워기는 앉은 채 손이 도달할 수 있는 위치에 레버식 등 사용하기 쉬운 형태로 설치하여야 한다.

(3) 욕조에는 휠체어에서 옮겨 앉을 수 있는 좌대를 욕조와 동일한 높이로 설치할 수 있다.

(4) 욕실내에서의 비상사태에 대비하여 욕조로부터 손이 쉽게 닿는 위치에 비상용 벨을 설치하여야 한다.

15. 장애인등의 이용이 가능한 샤워실 및 탈의실

가. 설치장소

샤워실 및 탈의실은 장애인등의 접근이 가능한 통로에 연결하여 설치하여야 한다.

나. 구조

(1) 출입문의 형태는 미닫이문 또는 접이문으로 할 수 있다.

(2) 샤워실(샤워부스를 포함한다)의 유효바닥면적은 0.9미터×0.9미터 또는 0.75미터×1.3미터 이상으로 하여야 한다.

다. 바닥

(1) 샤워실의 바닥면의 기울기는 30분의 1 이하로 하여야 한다.

(2) 샤워실의 바닥표면은 물에 젖어도 미끄러지지 아니하는 재질로 마감하여야 한다.

라. 손잡이

샤워실에는 장애인등이 신체일부를 지지할 수 있도록 수평 또는 수직손잡이를 설치할 수 있다.

마. 기타 설비

(1) 수도꼭지는 광감지식·누름버튼식·레버식 등 사용하기 쉬운 형태로 설치하여야 하며, 냉·온수의 구분은 점자로 표시할 수 있다.

(2) 샤워기는 앉은 채 손이 도달할 수 있는 위치에 레버식 등 사용하기 쉬운 형태로 설치하여야 한다.

(3) 샤워실에는 아래의 그림과 같이 샤워용 접이식의자를 바닥면으로부터 0.4미터 이상 0.45미터 이하의 높이로 설치하여야 한다.

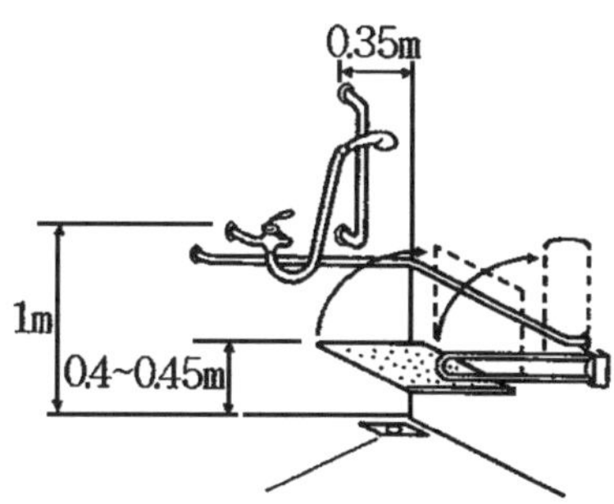

(4) 탈의실의 수납공간의 높이는 휠체어사용자가 이용할 수 있도록 바닥면으로부터 0.4미터 이상 1.2미터 이하로 설치하여야 하며, 그 하부는 무릎 및 휠체어의 발판이 들어갈 수 있도록 하여야 한다.

16. 점자블록

가. 규격 및 색상

(1) 시각장애인의 보행편의를 위하여 점자블록은 아래의 그림과 같은 감지용점형블록과 유도용 선형블록을 사용하여야 한다.

(2) 점자블록의 크기는 0.3미터×0.3미터인 것을 표준형으로 하며, 그 높이는 바닥재의 높이와 동일하게 하여야 한다.

(3) 점형블록은 블록당 36개의 돌출점을 가진 것을 표준형으로 한다.

(4) 점형블록의 돌출점은 반구형·원뿔절단형 또는 이 두가지의 혼합배열형으로 하며, 돌출점의 높이는 0.6±0.1센티미터로 하여야 한다.

(5) 선형블록은 블록당 4개의 돌출선을 가진 것을 표준형으로 한다.

(6) 선형블록의 돌출선은 상단부평면형으로 하며, 돌출선의 높이는 0.5±0.1센티미터로 하여야 한다.

(7) 점자블록의 색상은 원칙적으로 황색으로 사용하되, 바닥재의 색상과 비슷하여 구별하기 어려운 경우에는 다른 색상으로 할 수 있다.

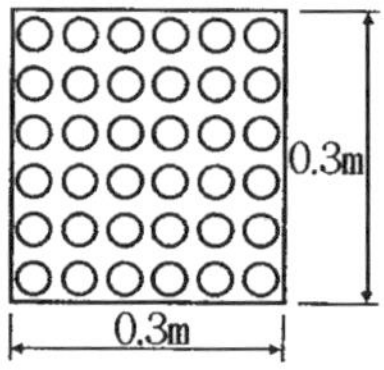

점형블록

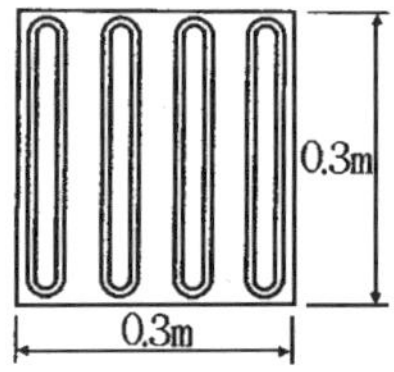

선형블록

(8) 실외에 설치하는 점자블록의 경우 햇빛이나 불빛 등에 반사되거나 눈, 비 등에 미끄러지기 쉬운 재질을 사용하여서는 아니 된다.

나. 설치방법

(1) 점형블록은 계단·장애인용 승강기 · 화장실 등 시각장애인을 유도할 필요가 있거나 시각장애인에게 위험한 장소의 0.3미터 전면, 선형블록이 시작·교차·굴절되는 지점에 이를 설치하여야 한다.

(2) 선형블록은 대상시설의 주출입구와 연결된 접근로에서 시각장애인을 유도하는 용도로 사용하며, 유도방향에 따라 평행하게 연속해서 설치하여야 한다.

(3) 점자블록은 매립식으로 설치하여야 한다. 다만, 건축물의 구조 또는 바닥재의 재질 등을 고려해볼 때 매립식으로 설치하는 것이 불가능하거나 현저히 곤란한 경우에는 부착식으로 설치할 수 있다.

17. 시각장애인 유도·안내설비

가. 점자안내판 또는 촉지도식 안내판

(1) 점자안내판 또는 촉지도식 안내판에는 주요시설 또는 방의 배치를 점자, 양각면 또는 선으로 간략하게 표시하여야 한다.

(2) 일반안내도가 설치되어 있는 경우에는 점자를 병기하여 점자안내판에 갈음할 수 있다.

(3) 점자안내판 또는 촉지도식 안내판은 점자안내표시 또는 촉지도의 중심선이 바닥면으로부터 1.0미터 내지 1.2미터의 범위안에 있도록 설치하여야 한다. 다만, 점자안내판 또는 촉지도식 안내판을 수직으로 설치하거나 점자안내표시 또는 촉지도의 내용이 많아 1.0미터 내지 1.2미터의 범위 안에 설치하는 것이 곤란한 경우에는 점자안내표시 또는 촉지도의 중심선이 1.0미터 내지 1.5미터의 범위에 있도록 설치할 수 있다.

나. 음성안내장치

시각장애인용 음성안내장치는 주요시설 또는 방의 배치를 음성으로 안내하여야 한다.

다. 기타 유도신호장치

시각장애인용 유도신호장치는 음향·시각·음색 등을 고려하여 설치하여야 하고, 특수신호장치를 소지한 시각장애인이 접근할 경우 대상시설의 이름을 안내하는 전자식 신호장치를 설치할 수 있다.

18. 시각 및 청각 장애인 경보 · 피난 설비

시각 및 청각 장애인 경보 · 피난 설비는 「화재예방, 소방시설 설치 · 유지 및 안전관리에 관한 법률」에 따른다. 이 경우 청각장애인을 위하여 비상벨설비 주변에는 점멸형태의 비상경보등을 함께 설치하고, 시각 및 청각 장애인용 피난구유도등은 화재발생 시 점멸과 동시에 음성으로 출력될 수 있도록 설치하여야 한다.

19. 장애인등의 이용이 가능한 객실 또는 침실

가. 설치장소

장애인용 객실 또는 침실(이하 "객실등"이라 한다)은 식당·로비 등 공용공간에 접근하기 쉬운 곳에 설치하여야 하며, 승강기가 가동되지 아니할 때에도 접근이 가능하도록 주출입층에 설치할 수 있다.

나. 구조

(1) 휠체어사용자를 위한 객실등은 온돌방보다 침대방으로 할 수 있다.

(2) 객실등의 내부에는 휠체어가 회전할 수 있는 공간을 확보하여야 한다.

(3) 침대의 높이는 바닥면으로부터 0.4미터 이상 0.45미터 이하로 하고, 그 측면에는 1.2미터 이상의 활동공간을 확보하여야 한다.

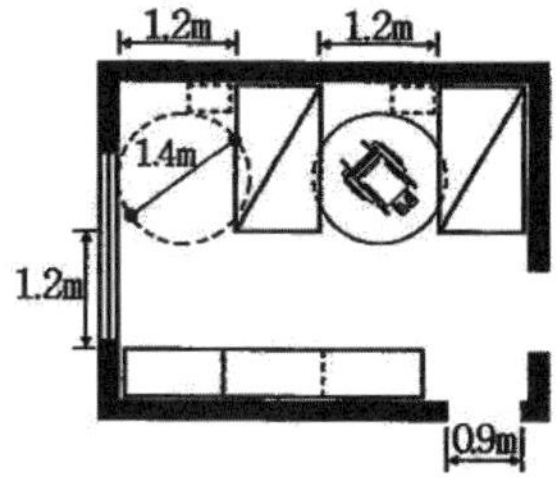

다. 바닥

(1) 객실등의 바닥면에는 높이차이를 두어서는 아니된다.

(2) 바닥표면은 미끄러지지 아니하는 재질로 평탄하게 마감하여야 한다.

라. 기타 설비

(1) 객실등의 출입문옆 벽면의 1.5미터 높이에는 방이름을 표기한 점자표지판을 부착하여야 한다.

(2) 객실등에 화장실 및 욕실을 설치하는 경우에는 제13호가목(2)(가) · (3)(나), 나목(1)부터 (3)까지 · (4)(가), 라목 및 제14호나목부터 마목까지의 규정을 적용한다.

(3) 콘센트·스위치·수납선반·옷걸이 등의 높이는 바닥면으로부터 0.8미터 이상 1.2미터 이하로 설치하여야 한다.

(4) 객실등·화장실 및 욕실에는 초인종과 함께 청각장애인용 초인등을 설치하여야 한다.

(5) 객실등에는 건축물전체의 비상경보시스템과 연결된 청각장애인용 경보설비를 설치하여야 한다.

20. 장애인등의 이용이 가능한 관람석 또는 열람석

가. 설치장소

휠체어사용자를 위한 관람석 또는 열람석은 출입구 및 피난통로에서 접근하기 쉬운 위치에 설치하여야 한다.

나. 관람석의 구조

(1) 휠체어사용자를 위한 관람석은 이동식 좌석 또는 접이식 좌석을 사용하여 마련하여야 한다. 이동식 좌석의 경우 한 개씩 이동이 가능하도록 하여 휠체어사용자가 아닌 동행인이 함께 앉을 수 있도록 하여야 한다.

(2) 휠체어사용자를 위한 관람석의 유효바닥면적은 1석당 폭 0.9미터 이상, 깊이 1.3미터 이상으로 하여야 한다.

(3) 휠체어사용자를 위한 관람석은 시야가 확보될 수 있도록 관람석 앞에 기둥이나 시야를 가리는 장애물 등을 두어서는 아니 되며, 안전을 위한 손잡이는 바닥에서 0.8미터 이하의 높이로 설치하여야 한다.

(4) 휠체어사용자를 위한 관람석이 중간 또는 제일 뒷 줄에 설치되어 있을 경우 앞 좌석과의 거리는 일반 좌석의 1.5배 이상으로 하여 시야를 가리지 않도록 설치하여야 한다.

(5) 영화관의 휠체어사용자를 위한 관람석은 스크린 기준으로 중간 줄 또는 제일 뒷 줄에 설치하여야 한다. 다만, 휠체어사용자를 위한 좌석과 스크린 사이의 거리가 관람에 불편하지 않은 충분한 거리일 경우에는 스크린 기준으로 제일 앞 줄에 설치할 수 있다.

(6) 공연장의 휠체어사용자를 위한 관람석은 무대 기준으로 중간 줄 또는 제일 앞 줄 등 무대가 잘 보이는 곳에 설치하여야 한다. 다만, 출입구 및 피난통로가 무대 기준으로 제일 뒷 줄로만 접근이 가능할 경우에는 제일 뒷 줄에 설치할 수 있다.

(7) 난청자를 위하여 자기(磁氣)루프, FM송수신장치 등 집단보청장치를 설치할 수 있다.

다. 열람석의 구조

(1) 열람석상단까지의 높이는 바닥면으로부터 0.7미터 이상 0.9미터 이하로 하여야 한다.

(2) 열람석의 하부에는 무릎 및 휠체어의 발판이 들어갈 수 있도록 바닥면으로부터 높이 0.65미터 이상, 깊이 0.45미터 이상의 공간을 확보하여야 한다.

21. 장애인등의 이용이 가능한 접수대 또는 작업대

가. 활동공간

접수대 또는 작업대의 전면에는 휠체어를 탄 채 접근이 가능한 활동공간을 확보하여야 한다.

나. 구조

(1) 접수대 또는 작업대상단까지의 높이는 아래의 그림과 같이 바닥면으로부터 0.7미터 이상 0.9미터 이하로 하여야 한다.

(2) 접수대 또는 작업대의 하부에는 무릎 및 휠체어의 발판이 들어갈 수 있도록 바닥면으로부터 높이 0.65미터 이상, 깊이 0.45미터 이상의 공간을 확보하여야 한다.

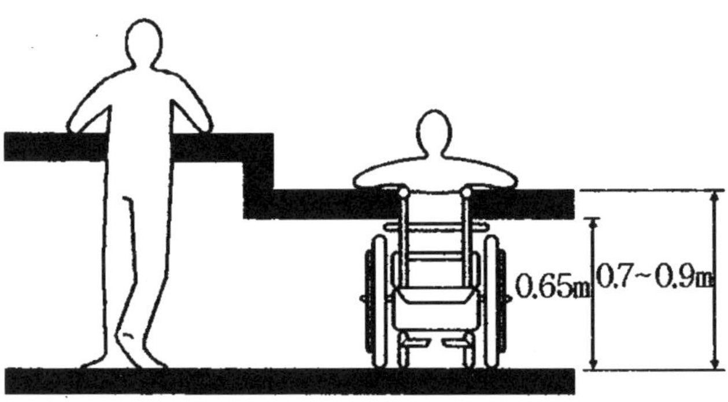

22. 장애인등의 이용이 가능한 매표소·판매기 또는 음료대

가. 활동공간

매표소·판매기 또는 음료대의 전면에는 휠체어를 탄 채 접근이 가능한 활동공간을 확보하여야 한다.

나. 구조

(1) 매표소의 높이는 바닥면으로부터 0.7미터 이상 0.9미터 이하로 하여야 하며, 하부에는 무릎 및 휠체어의 발판이 들어갈 수 있도록 바닥면으로부터 0.65미터 이상, 깊이 0.45미터 이상의 공간을 확보하여야 한다.

(2) 자동판매기 또는 자동발매기의 동전투입구·조작버튼·상품출구의 높이는 0.4미터 이상 1.2미터 이하로 하여야 한다.

(3) 음료대의 분출구의 높이는 0.7미터 이상 0.8미터 이하로 하여야 한다.

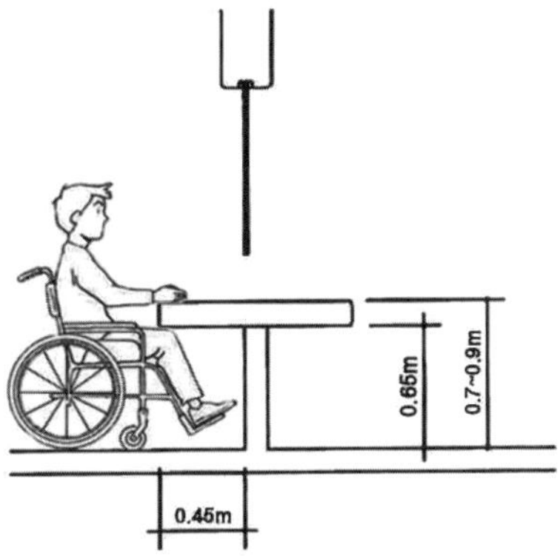

다. 기타 설비

(1) 자동판매기 및 자동발매기의 조작버튼에는 품목·금액·목적지 등을 점자로 표시하여야 한다.

(2) 음료대의 조작기는 광감지식·누름버튼식·레버식 등 사용하기 쉬운 형태로 설치하여야 한다.

(3) 매표소 또는 자동발매기의 0.3미터 전면에는 점형블록을 설치하거나 시각장애인이 감지할 수 있도록 바닥재의 질감등을 달리하여야 한다.

23. 삭제 〈2007.3.9〉

24. 삭제 〈2007.3.9〉

25. 삭제 〈2007.3.9〉

26. 삭제 〈2007.3.9〉

27. 임산부 등을 위한 휴게시설

가. 설치장소

임산부 등을 위한 휴게시설은 휠체어 사용자 및 유모차가 접근가능한 위치에 설치하여야 한다.

나. 구조

(1) 임산부 등을 위한 휴게시설에는 수유실로 사용할 수 있는 장소를 별도로 마련하되, 기저귀교환대, 세면대 등의 설비를 갖추어야 한다.

(2) 기저귀교환대, 세면대 등은 휠체어사용자가 접근 가능하도록 가로 1.4미터, 세로 1.4미터의 공간을 확보하고, 기저귀교환대 및 세면대의 상단 높이는 바닥면으로부터 0.85미터 이하, 하단 높이는 0.65미터 이상으로 하여야 하며, 하부에는 휠체어의 발판이 들어갈 수 있도록 설치하여야 한다.

(3) 공간의 효율적인 이용을 위하여 기저귀교환대는 접이식으로 설치할 수 있다.

28. 장애인등의 이용이 가능한 공중전화

가. 설치장소

공중전화는 장애인 등의 접근이 가능한 보도 또는 통로에 설치하여야 한다.

나. 구조

(1) 전화대의 하부에는 무릎 및 휠체어의 발판이 들어갈 수 있도록 바닥면으로부터 높이 0.65미터 이상, 깊이 0.25미터 이상의 공간을 확보하여야 한다.

(2) 전화부스를 설치하는 경우에는 보도 또는 통로와 높이차이를 두어서는 아니된다.

다. 이용자 조작설비

아래의 그림과 같이 동전 또는 전화카드투입구, 전화다이얼 및 누름버튼 등의 높이는 바닥면으로부터 0.9미터 이상 1.4미터 이하로 하여야 한다.

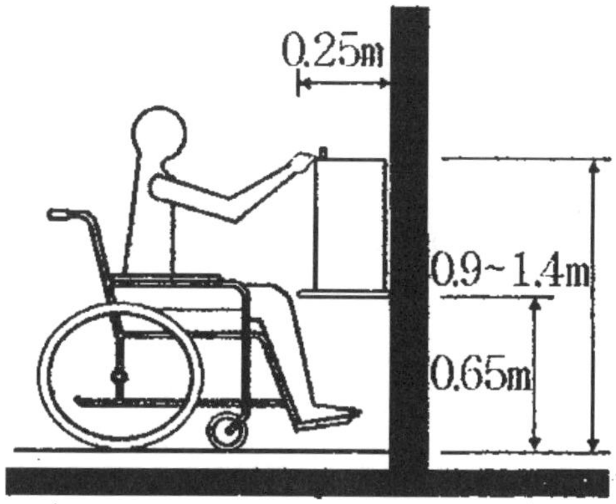

라. 기타 설비

지팡이 및 목발사용자가 몸을 지지할 수 있도록 전화부스의 양쪽에 손잡이를 설치하거나, 지팡이 및 목발을 세울 곳을 마련할 수 있다.

29. 장애인등의 이용이 가능한 우체통

가. 설치장소

우체통은 장애인등의 접근이 가능한 보도 또는 통로에 설치하여야 한다.

나. 구조

우체통투입구의 높이는 0.9미터 이상 1.2미터 이하로 하여야 한다.

비고 : 위의 편의시설의 구조·재질 등에 관한 세부기준의 항목 중 "· · 할 수 있다"로 규정된 사항은 장애인 등의 이용편의를 위한 권장사항임

「장애인·노인·임산부 등의 편의증진보장에 관한 법률」

시행령 별표2 〈개정 2019. 7. 2.〉

대상시설별 편의시설의 종류 및 설치기준(제4조관련)

1. 삭제 〈2006.1.19〉

2. 공원

편의시설의 종류	설치기준
가. 장애인 등의 출입이 가능한 출입구	공원 외부에서 내부로 이르는 출입구는 주출입구를 포함하여 적어도 하나 이상을 장애인등의 출입이 가능하도록 유효폭·형태 및 부착물 등을 고려하여 설치하여야 한다.
나. 장애인등의 통행이 가능한 보도	공원시설(공중이 직접 이용하는 시설에 한한다)에 접근할 수 있는 공원안의 보도중 적어도 하나는 장애인등이 통행할 수 있도록 유효폭·기울기와 바닥의 재질 및 마감 등을 고려하여 설치하여야 한다.
다. 장애인 등의 이용이 가능한 화장실	장애인 등이 편리하게 이용할 수 있도록 구조, 바닥의 재질 및 마감과 부착물 등을 고려하여 설치하되, 장애인용 대변기는 남자용 및 여자용 각 1개 이상을 설치하여야 하며, 영유아용 거치대 등 임산부 및 영유아가 안전하고 편리하게 이용할 수 있는 시설을 구비하여 설치하여야 한다.
라. 점자블록	공원과 도로 또는 교통시설을 연결하는 보도에는 점자블록을 설치하여야 한다.
마. 시각장애인 유도 및 안내설비	시각장애인의 공원이용 편의를 위하여 공원의 주출입구부근에 점자안내판·촉지도식 안내판·음성안내장치 또는 기타 유도신호장치를 설치할 수 있다.
바. 장애인등의 이용이 가능한 매표소·판매기 또는 음료대	매표소(장애인등의 이용이 가능한 자동발매기를 설치한 경우와 시설관리자등으로부터 별도의 상시서비스가 제공되는 경우를 제외한다)·판매기 및 음료대는 장애인등이 편리하게 이용할 수 있도록 형태·규격 및 부착물등을 고려하여 설치하여야 한다. 다만, 동일한 장소에 2곳 또는 2대이상을 각각 설치하는 경우에는 그중 1곳 또는 1대만을 장애인등의 이용을 고려하여 설치할 수 있다.

사. 장애인 등의 이용이 가능한 공원시설	(1) 「자연공원법」 제2조제10호에 따른 공원시설과 「도시공원 및 녹지 등에 관한 법률」 제2조제4호에 따른 공원시설에 대하여는 공원시설의 종류에 따라 제3호 및 제6호에 따른 공공건물 및 공중이용시설과 통신시설의 설치기준을 각각 적용한다. (2) 공원의 효용증진을 위하여 설치하는 주차장에는 장애인전용 주차구역을 주차장법령이 정하는 설치기준에 따라 구분·설치하여야 한다.

3. 공공건물 및 공중이용시설

가. 일반사항

편의시설의 종류	설치기준
(1) 장애인등의 통행이 가능한 접근로	(가) 대상시설 외부에서 건축물의 주출입구에 이르는 접근로는 장애인등이 안전하고 편리하게 통행할 수 있도록 유효폭·기울기와 바닥의 재질 및 마감등을 고려하여 설치하여야 한다. (나) 접근로를 (가)의 주출입구에 연결하여 시공하는 것이 구조적으로 곤란하거나 주출입구보다 부출입구가 장애인등의 이용에 편리하고 안전한 경우에는 주출입구 대신 부출입구에 연결하여 접근로를 설치할 수 있다.
(2) 장애인전용 주차구역	(가) 부설주차장에는 장애인전용 주차구역을 주차장법령이 정하는 설치비율에 따라 장애인의 이용이 편리한 위치에 구분·설치하여야 한다. 다만, 부설주차장의 주차대수가 10대 미만인 경우를 제외하며, 산정된 장애인전용주차구역의 주차대수중 소수점이하의 끝수는 이를 1대로 본다. (나) 자동차관련시설중 특별시장·광역시장·시장·군수 또는 구청장이 설치하는 노외주차장에는 장애인전용 주차구역을 주차장법령이 정하는 설치기준에 따라 장애인의 이용이 편리한 위치에 구분·설치하여야 한다.

(3) 높이차이가 제거된 건축물 출입구	(가) 건축물의 주출입구와 통로에 높이차이가 있는 경우에는 턱낮추기를 하거나 휠체어리프트 또는 경사로를 설치하여야 한다. (나) (가)의 주출입구의 높이차이를 없애는 것이 구조적으로 곤란하거나 주출입구보다 부출입구가 장애인등의 이용에 편리하고 안전한 경우에는 주출입구 대신 부출입구의 높이차이를 없앨 수 있다.
(4) 장애인등의 출입이 가능한 출입구 등	건축물의 주출입구와 건축물 안의 공중의 이용을 주목적으로 하는 사무실 등의 출입구(문) 중 적어도 하나는 장애인등의 출입이 가능하도록 유효폭·형태 및 부착물 등을 고려하여 설치하여야 한다. 이 경우 제7조의2제6호에 따른 국가 또는 지방자치단체의 청사(공중이 직접 이용하는 시설만 해당한다) 중 「건축법 시행령」 별표 1 제3호에 따른 제1종 근린생활시설에 해당하지 않는 시설의 경우에는 장애인등의 출입이 가능하도록 설치하는 출입구를 자동문 형태로 하여야 한다.
(5) 장애인등의 통행이 가능한 복도	복도는 장애인등의 통행이 가능하도록 유효폭, 바닥의 재질 및 마감과 부착물 등을 고려하여 설치하여야 한다.
(6) 장애인등의 통행이 가능한 계단, 장애인용 승강기, 장애인용 에스컬레이터, 휠체어리프트 또는 경사로	(가) 장애인등이 건축물의 1개 층에서 다른 층으로 편리하게 이동할 수 있도록 그 이용에 편리한 구조로 계단을 설치하거나 장애인용 승강기, 장애인용 에스컬레이터, 휠체어리프트(신축하는 경우에는 수직형 휠체어리프트를 설치하여야 한다) 또는 경사로를 1대 또는 1곳 이상 설치하여야 한다. 다만, 장애인등이 이용하는 시설이 1층에만 있는 경우에는 그러하지 않다. (나) (가)의 건축물 중 6층 이상의 연면적이 2천제곱미터 이상인 건축물(층수가 6층인 건축물로서 각 층 거실의 바닥면적 300제곱미터 이내마다 1개소 이상의 직통계단을 설치한 경우를 제외한다)의 경우에는 장애인용 승강기, 장애인용 에스컬레이터, 휠체어리프트(신축하는 경우에는 수직형 휠체어리프트를 설치하여야 한다) 또는 경사로를 1대 또는 1곳 이상 설치하여야 한다.

(7) 장애인 등의 이용이 가능한 화장실	장애인 등이 편리하게 이용할 수 있도록 구조, 바닥의 재질 및 마감과 부착물 등을 고려하여 설치하되, 장애인용 대변기는 남자용 및 여자용 각 1개 이상을 설치하여야 하며, 영유아용 거치대 등 임산부 및 영유아가 안전하고 편리하게 이용할 수 있는 시설을 구비하여 설치하여야 한다.
(8) 장애인등의 이용이 가능한 욕실	욕실은 1개실 이상을 장애인등이 편리하게 이용할 수 있도록 구조, 바닥의 재질 및 마감과 부착물등을 고려하여 설치하여야 한다.
(9) 장애인등의 이용이 가능한 샤워실 및 탈의실	샤워실 및 탈의실은 1개이상을 장애인등이 편리하게 이용할 수 있도록 구조, 바닥의 재질 및 마감과 부착물 등을 고려하여 설치하여야 한다.
(10) 점자블록	건축물의 주출입구와 도로 또는 교통시설을 연결하는 보도에는 점자블록을 설치하여야 한다.
(11) 시각 및 청각장애인 유도·안내설비	(가) 시각장애인의 시설이용 편의를 위하여 건축물의 주출입구 부근에 점자안내판, 촉지도식 안내판, 음성안내장치 또는 그 밖의 유도신호장치를 점자블록과 연계하여 1개 이상 설치하여야 한다. (나) 삭제〈2007.2.12〉 (다) 공원·근린공공시설·장애인복지시설·교육연구시설·공공업무시설, 시각장애인 밀집거주지역등 시각장애인의 이용이 많거나 타당성이 있는 설치요구가 있는 곳에는 교통신호기가 설치되어 있는 횡단보도에 시각장애인을 위한 음향신호기를 설치하여야 한다. (라) 청각장애인의 시설이용 편의를 위하여 청각장애인 등의 이용이 많은 곳에는 전자문자안내판 또는 기타 전자문자안내설비를 설치하여야 한다.
(12) 시각 및 청각장애인 경보·피난설비	(가) 시각 및 청각장애인등이 위급한 상황에 대피할 수 있도록 청각장애인용 피난구유도등·통로유도등 및 시각장애인용 경보설비 등을 설치하여야 한다. (나) 장애인등이 추락할 우려가 있는 경우에는 난간 등 추락방지설비를 갖추어야 한다.

(13) 장애인등의 이용이 가능한 객실 또는 침실	기숙사 및 숙박시설등의 전체 침실수 또는 객실의 1퍼센트 이상(관광숙박시설은 3퍼센트 이상)은 장애인등이 편리하게 이용할 수 있도록 구조, 바닥의 재질 및 마감과 부착물등을 고려하여 설치하되, 산정된 객실 또는 침실수 중 소수점 이하의 끝수는 이를 1실로 본다.
(14) 장애인등의 이용이 가능한 관람석, 열람석 또는 높이 차이가 있는 무대	(가) 공연장, 집회장, 관람장 및 도서관 등의 전체 관람석 또는 열람석 수의 1퍼센트 이상(전체 관람석 또는 열람석 수가 2천석 이상인 경우에는 20석 이상)은 장애인등이 편리하게 이용할 수 있도록 구조와 위치 등을 고려하여 설치하되, 산정된 관람석 또는 열람석 수 중 소수점 이하의 끝수는 이를 1석으로 본다. (나) 공연장, 집회장 및 강당 등에 설치된 무대에 높이 차이가 있는 경우에는 장애인등이 안전하게 이용할 수 있도록 경사로 및 휠체어리프트 등을 설치하여야 한다. 다만, 설치가 구조적으로 어려운 경우에는 이동식으로 설치할 수 있다.
(15) 장애인등의 이용이 가능한 접수대 또는 작업대	지역자치센터 및 장애인복지시설 등의 접수대 또는 작업대는 장애인등이 편리하게 이용할 수 있도록 형태·규격 등을 고려하여 설치하여야 한다. 다만, 동일한 장소에 각각 2대이상을 설치하는 경우에는 그 중 1대만을 장애인등의 이용을 고려하여 설치할 수 있다.
(16) 장애인등의 이용이 가능한 매표소·판매기 또는 음료대	매표소(장애인등의 이용이 가능한 자동발매기를 설치한 경우와 시설관리자등으로부터 별도의 상시서비스가 제공되는 경우를 제외한다)·판매기 및 음료대는 장애인등이 편리하게 이용할 수 있도록 형태·규격 및 부착물등을 고려하여 설치하여야 한다. 다만, 동일한 장소에 2곳 또는 2대이상을 각각 설치하는 경우에는 그 중 1곳 또는 1대만을 장애인 등의 이용을 고려하여 설치할 수 있다.
(17) 임산부 등을 위한 휴게시설 등	임산부와 영유아가 편리하고 안전하게 휴식을 취할 수 있도록 구조와 재질 등을 고려하여 휴게시설을 설치하고, 휴게시설 내에는 모유수유를 위한 별도의 장소를 마련하여야 한다. 다만, 「문화재보호법」 제2조에 따른 지정문화재(보호구역을 포함한다)에 설치하는 시설물은 제외한다.

Universal Design 적용을 고려한

장애물 없는 생활환경(BF) 인증지표 상세 해설(공원)

Detail Commentary Of Barrier Free Certification's Index

초판 1쇄 인쇄 2021년 11월 12일

지은이 홍현근 · 주용규 공저
발행인 김기현
북디자인 심현일

발행처 시공문화사
등 록 1993년 3월 12일
주 소 서울특별시 서대문구 독립문공원길 13 (극동프라자 5층)
전 화 02) 3147~1212, 2323
전 송 02) 3147~2626
http://www.spacetime.co.kr spacetime@korea.com

편 집 디자인·현
인 쇄 예림인쇄
제 본 (주)서정바인텍
용 지 (주)대림지업사

정가 15,000원
* 파본은 구입한 곳에서 교환해 드립니다.